与最聪明的人共同进化

U0101935

湛庐 CHEERS

HERE COMES EVERYBODY

技术的本质

[美] 布莱恩·阿瑟 著
W. Brian Arthur

曹东溟　王健 译

THE NATURE
OF TECHNOLOGY

技术是什么，
它是如何进化的

浙江科学技术出版社

你了解技术的本质吗?

扫码激活这本书
获取你的专属福利

- 对于技术与科学的关系,这位研究经济正反馈机制的先驱见解独特,他认为:技术不是科学的副产品,或许恰好相反,科学是技术的副产品。他是哪一位?

  A. 布莱恩·阿瑟

  B. 罗伯特·弗兰克

扫码获取全部测试题及
答案,一起了解技术是
如何进化的

- 没有现象,技术就不会存在,反之亦然。这是完全对的吗?

  A. 完全对

  B. 不完全对

- 平台和电商崛起改变了人们的社交和购物方式,网络支付也使纸币使用率大幅度降低。这说明了什么?

  A. 人们无法预料技术的发展

  B. 技术只是经济的一个变量

  C. 技术的应用和发展带来了经济的重构

  D. 技术只会影响产品需求

扫描左侧二维码查看本书更多测试题

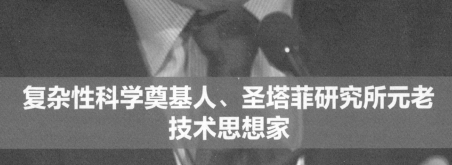

复杂性科学奠基人、圣塔菲研究所元老
技术思想家

布莱恩·阿瑟
W. Brian Arthur

复杂性科学奠基人

　　1987 年的一天，布莱恩·阿瑟正在斯坦福大学校园里走着，准备到自己的办公室去。突然，一辆自行车围着他绕了个圈儿，然后停在了他面前。骑自行车的人是诺贝尔经济学奖获得者肯尼斯·阿罗。阿罗说："9 月份在圣塔菲研究所有一个学术会议，一群经济学家和一群自然科学家交流思想，你想不想去？"阿瑟立即回答："太好了！"对阿瑟来说，这样的会议太有吸引力了。

　　这次会议彻底改变了阿瑟的人生道路。阿瑟决定加入圣塔菲研究所，投身跨学科的复杂性科学领域。1988 年，阿瑟开始主持圣塔菲的第一个研究项目："经济可被看作进化的复杂系统"（The Economy as an Evolving Complex System）。这个项目汇集了各领域最优秀的人才，包括概率论专家戴维·莱恩（David Lane）、物理学家理查德·帕尔默（Richard Palmer）和理论生物学家斯图尔特·考夫曼（Stuart Kauffman）等，真正实现了跨学科的综合研究。圣塔菲研究小组的实践，开创了跨学科研究的新模式。

　　由于贡献突出，他荣获了复杂性科学领域的首届"拉格朗日奖"。作为圣塔菲的元老级人物，阿瑟在科学委员会（Science Board）任职时间长达 18 年，在理事会（Board Of Trustees）任职 10 年。阿瑟是复杂性科学的重要奠基人。

"复杂经济学"创始人

阿瑟拥有加州大学伯克利分校经济学硕士学位和运筹学博士学位，37岁就成为斯坦福大学最年轻的经济学教授。

对于复杂的经济系统，阿瑟的研究思路不是将物理学方法"移植"到经济学中，或者将非线性动力学应用于经济学，而是紧紧抓住"收益递增"这一核心不放。

在斯图尔特·考夫曼和约翰·霍兰德的帮助下，阿瑟率先启动了"人工股票市场"研究项目。基于有限理性的归纳推理，这个系统成功模拟了现实股票市场时而出现的"泡沫"和"崩溃"现象。

圣塔菲研究所旁边有一个爱尔法鲁酒吧。每个周四晚上，爱尔法鲁酒吧都有爱尔兰音乐专场，有的专场往往会爆满。如果酒吧里的人不太多，待在那里就很愉快；但是如果酒吧过于拥挤，它能够给你带来的乐趣就会少很多。阿瑟猜想，在某个特定的晚上，如果每个人都预测许多人会来，那么他们就不会来，这样的结果就会否定预测；如果每一个人都预测很少有人会来，那么他们就都会来，这样的结果同样会否定预测。这就是说，理性预期在这种情况下是自我否定的，因此，能够正常发挥作用的理性预期就无法形成了。

阿瑟很好奇：人工系统中的行为主体在面对这种情况时的行为会是怎样的呢？这就是著名的"爱尔法鲁酒吧问题"。1993年，阿瑟的相关研究论文发表了。这一次，在演绎推理和归纳推理的对决中，又是归纳推理完胜。

1999年，阿瑟在《科学》杂志发表了一篇论文，把他对复杂经济系统的思考进行了系统总结，并将这种不同于传统的经济学观点称为"复杂经济学"（complexity economics），一门新的经济学科就此诞生！

复杂经济学用更具一般性的方法来研究经济，它必将取代传统经济学而稳步走向经济学中心。1990年，由于研究复杂经济学方面所取得的丰硕成果，阿瑟荣获"熊彼特奖"。

2019年，阿瑟因为在复杂经济学领域的研究贡献，获得了"引文桂冠奖"。

首屈一指的技术思想家

技术给我们带来了舒适的生活和无尽的财富，也成就了经济的繁荣。一句话，我们的世界因技术而改变。

但是，技术的本质究竟是什么？它又是怎样进化的呢？这些问题让阿瑟苦苦思索。

阿瑟发现，技术与音乐有几分相像。我们都见过作曲家谱写的乐谱，我们也认识其中的每个音符。但如果有人问什么是音乐，构成整个音乐的每个音符都来自哪里，那就是一个非常深入的哲学问题了。

阿瑟的收益递增理论认为，首先发展起来的技术往往具有占先优势，再通过规模效应降低单位成本，并利用普遍流行导致的学习效应和许多行为主体采取相同技术所产生的协调效应，致使该技术在市场上越来越流行，人们也就相信它会更流行，于是该技术就实现了自我增强的良性循环。

"收益递增规律"所导致的"正反馈机制"，会导致强者越强、弱者越弱的"路径依赖性"。计算机键盘的QWERTY布置就是一例，尽管这种布置效率并非最高，却统治了市场。

阿瑟通过深入研究得出结论：科学与经济的发展，都是由技术所驱动的，而我们通常是倒过来思考的。实际上，人类解决问题的需要，才是推动人们重新结合现有技术，进而促进新一代技术出现的动力。就像生命体一样，所有新技术都是已有技术的"组合进化"。

作者演讲洽谈，请联系
BD@cheerspublishing.com

更多相关资讯，请关注

湛庐文化微信订阅号

 湛庐CHEERS 特别制作

赞 誉

"技术"一词，或可列为高度流行的日常用语之一。但遗憾的是，不少人将其理解为"工具"或者"技艺"。换个生活化的说法，在很多人眼里，技术是"死"的，但在阿瑟的眼里，技术是"活生生"的，它有自己的"进化"方向，也有自己的"行事"逻辑，甚至技术自身"正在变为生物"。技术并非割裂人与自然的利刃，而是亲近自然、厚爱生命的"新物种"。让我们透过阿瑟的睿智之眼，领略技术的本质吧！

段永朝
苇草智酷创始合伙人，财讯传媒集团首席战略官

技术是实现人类目的的重要手段，技术的进化对于技术创新政策与管理具有重大的影响。《技术的本质》一书清晰地阐明了技术的定义，睿智地提出了技术自循环的进化律，因此，技术将对人类产生更大的影响，其自身也将获得极大的发展。在技术的进化过程中，技术将如何保持简约并减少"暴力"的产生，这是人类对技术及其进化必须把握的准则。我非常赞同作者的观点，并希望技术给人类带来更多的福祉和良善。

陈劲
清华大学教授，清华大学技术创新研究中心主任

布莱恩·阿瑟关于技术本质的独到见解会启迪所有人，不论是技术的批评者、支持者，还是那些困惑不解的人。

凯文·凯利

《连线》创始主编，畅销书《失控》《科技想要什么》作者

我们的 Java，就是根据布莱恩·阿瑟的思想开发的。

埃里克·施密特

谷歌公司前董事长

布莱恩·阿瑟对技术如何发展及其进化过程的分析使我不禁联想到欧几里得几何学，它清晰、简练，而且看起来不证自明，历经多年终于被一位大师表述出来。《技术的本质》是一部开创性的、激动人心的著作，它极大地丰富了已有的商业、工程以及社会科学的内涵。

理查德·罗兹

《原子弹秘史》作者，普利策奖得主

《技术的本质》是自熊彼特以来关于技术与经济的重要的一本书。阿瑟通过明晰易懂的行文、引人入胜的例子，描述着在从石器到 iPod 的进化过程中，技术怎样"创造着它自己"。这是一部值得被广泛阅读的，具有深入、持久的重要性的著作。读完本书，你将会以全新的方式思考技术。

埃里克·拜因霍克

经济学家，《财富的起源》作者

每天，在硅谷游弋的成千上万美元都是基于布莱恩·阿瑟的观点。

约翰·史立·布朗

帕洛阿尔托研究中心（PARC）前主席

THE NATURE OF TECHNOLOGY

推荐序一

路径依赖性：人口、经济、技术

汪丁丁
北京大学国家发展研究院教授

学者的头脑，哈耶克把它分为两种，模糊型的和清晰型的。稍后，他补充了一个脚注，称在写《头脑的两种类型》这篇随笔时，他未听说过伯林对学者的划分——只知道一件大事的刺猬和知道许多小事的狐狸。哈耶克自认是一只刺猬。阿瑟也是一只刺猬，多年来，他跨越许多学科追踪研究的唯一重要的课题，可称为"路径依赖性"。

阿瑟是 1946 年出生的，现在他被称为经济学家，而且在 37 岁时就成为斯坦福大学最年轻的经济学教授。这些都是事实，但不是全部事实。我清楚地记得在阿瑟 1994 年出版的《收益递增与经济中的路径依赖性》一书开篇读到这样一则往事：阿瑟在加州理工学院做研究时，发现了经济生活中存在强烈的收益递增性并写文章论述他的发现（我读研究生时也读他的这些文章）。那时他在斯坦福大学粮食研究所任职，可能还担任生物系主任，他与斯坦福大学经济系的两位核心人物共进午餐（听上去是"求职午餐"），在他讲述了自己的"收益递增经济学"之后，

一位经济学教授委婉地告诉他世界上没有收益递增这回事，另一位教授更坦率，这位教授可能是当时的系主任，他告诉阿瑟先生，即便有收益递增这回事，我们也不能承认它。这则故事，赫然写在阿瑟著作的开篇。于是这部作品立即入选我的个人藏书——今天，我更乐意收藏电子版。

阿瑟 1999 年接受"领导力对话"采访时也回忆了这段"痛苦如地狱"的经历，他的描述是：在斯坦福大学的前 10 年，他发表了许多论文并担任了系主任，然后，他用 10 年时间试图发表一篇收益递增论文，却因此而离开了斯坦福大学。鼓舞他坚持探索的，是斯坦福大学校园最受爱戴的诺贝尔经济学奖得主阿罗。阿瑟说，阿罗帮助他获得了 1987 年古根海姆奖学金，并引荐他去圣塔菲研究所任职。又据阿瑟 1999 年回忆，因新古典增长理论而获得诺贝尔经济学奖的 MIT 经济学家索罗特意提醒圣塔菲研究所的主持人柯文，说他正在犯一个最严重的错误，因为阿瑟是无名之辈。

阿罗始终为阿瑟的收益递增经济学大肆鼓吹，同样深受阿瑟这一思想影响的，是因新制度经济学研究而获得 1993 年诺贝尔经济学奖的经济史学家诺思。我在香港大学教书时，于香港大学书店翻阅诺思 1990 年出版的《制度、制度变迁与经济绩效》一书时，印象最深的就是他将阿瑟的收益递增观念运用于制度变迁的研究。我认为制度在各国，尤其是在中国这样从未中断悠久历史的国家，路径依赖的性质极其强烈。从那时起，阿瑟成为我关注的西方学术核心人物之一。阿瑟的往事永远提醒我，任何主流，包括经济学主流，都不可避免地压迫和排斥人类的独立精神和自由思想。为写这篇中译本序言，我检索了网上关于阿瑟的报道和文章，我发现，那些令人不快的往事完全消失了。这些往事未必是被斯坦福大学别有用心地花钱"遮蔽"了，很可能是因为网络社会的记忆原本就很短暂。

现在，我可以谈正题了。路径依赖性（path dependency），在制度经济学获得诺贝尔奖的那段时期，大约是1985—1995年这十年，对我们这些热衷于中国经济和政治体制改革的学者而言，真是一个最诱人的观念。例如，张五常在诺思得奖时对中国香港记者大呼"走宝"（即自家的宝贝被人家拿走了）。因为据说，诺思当年曾在华盛顿西雅图校区听张五常的新制度经济学课程，这相当于师从五常呀。好事的记者于是去问诺思怎样评论张五常的"走宝"慨叹。诺思哈哈大笑，他的评论是，五常言之有理，可是他并未坚持这项研究。五常教授20世纪70年代赴香港大学筹建经济系，1982年在芝加哥大学核心期刊《法与经济学》杂志发表了《企业的契约实质》（我评价为他毕生的登峰造极之作），此后，他的注意力转向中国社会制度变迁，再也无暇他顾。

路径依赖性，阿瑟的论述，诺思的论述，以及多年前我的论述，可概括为这样一项平凡的陈述：人的行为依赖于他们过去的全部行为。注意，是"依赖"而不是"由此被决定"，也不是"完全不依赖"。阿瑟早年研究人口学问题，20世纪70年代至20世纪80年代他发表的论文主要是人口学的。不过，他自幼最喜欢数学和工程学，在爱尔兰的少年时代，他偶然选择了电子工程专业，那时他不过17岁——"年轻得有些荒唐"。后来，可能是他在加州理工学院（我认为很可能是北美最优秀的理论学院）时期，专注于收益递增现象的研究。直到20世纪90年代主持圣塔菲研究所的"复杂性"课题组，自此以后，他主要研究经济生活中的收益递增现象。

技术，阿瑟指出，不是科学的副产品，或许恰好相反，科学是技术的副产品。古希腊人很早就懂得这一原理。亚里士多德说过，理论家的工作在于冥想，他们的模型是恒星系统，具有"永恒"这一基本性质。

技艺是实践者的工作，是一种关于偶然性的艺术，探求永恒原理的哲学家，不愿为也。两千年之后，技术仍是卑贱的实践者的工作（例如米开朗琪罗的工作），却引发了近代科学。

阿瑟继续考证，技术总是由一些基本的功能模块组合而成的。最初的石器打磨为两类，锋利的和有孔的，与手柄组合而成复合工具，例如"飞去来器"，例如"耜"与"耒"，例如"眼镜"。凡技术发明者，首重适用性和便利性，发明专利所谓"实用新型"。这两大性质要求使用新技术的人群将以往行为与新技术相合。如果你从微软视窗系统转入苹果系统，你会有很多这样的体会，多年之后，你试着适应微软系统，又有很多这样的体会。我们的身体（包括脑内的神经元网络）可以记住我们的行为，并因记忆而有了行为的积累效应——贝克尔称为"人力资本"。在夏威夷的东西方中心人口研究所求学时，一位人口统计学家告诉我，观察人们早餐时吃的是哪一国的食物，可准确判断这些人来自哪一族群。她说，早餐习惯是最难以改变的，因为胃口或口味是"永恒的"。

诺思有几篇论文阐述制度的收益递增效应。他指出，规模越大的政府总是追求更大规模，权力越大的人倾向于追求更大权力，成功的制度有复制自身的冲动，直到社会被锁死于早已僵化但曾经成功的制度陷阱之内。他还找到了不少消亡的人类社会，作为"锁死"效应的例证。诺思的警告格外触动我们这些中国学者，因为历史太悠久而且太难以割舍，所以我们不能放弃传统，但我们必须改造传统。

于是，技术的本质，与制度的本质类似，因有强烈的路径依赖性而常将人类"锁入"既有的技术路径或制度路径。锁入，于是可能锁死。当社会被制度路径锁死时，社会消亡。当企业被技术路径锁死时，企业淘汰。现在，读者可以翻阅阿瑟的这部作品了。

推荐序二

了不起的阿瑟

张翼成

欧洲科学院院士，瑞士大数据与网络科学中心主任

新经济体系的奠基之作《重塑》作者

很高兴看到布莱恩·阿瑟的大作《复杂经济学》和《技术的本质》由湛庐介绍给中国读者。阿瑟是复杂科学圣地圣塔菲研究所的创始人之一，与其他批评主流经济学的经济学家不同的是，他曾在主流经济学领域获得过很高的地位与成就。比如，他三十出头就被聘为斯坦福大学的终身教授了，而且他关于经济发展路径依赖的研究成果对当代的主流经济学有非常大的影响。最著名的诺贝尔奖获得者之一肯尼斯·阿罗（Kenneth Arrow）就曾经发表文章为阿瑟鸣不平：保罗·克鲁格曼（Paul Krugman）获奖理论的提出时间其实比阿瑟晚一年以上，有抄袭之嫌，但是阿瑟加入了反主流阵营，所以与诺贝尔奖失之交臂。好了，不扯远了，哪个圈子没有"内幕"呢？

我在二十几年前应邀去圣塔菲短住，最令我难忘的就是住在阿瑟最爱的爱尔法鲁酒吧（一年后发生火灾，现在重建了）的后面，再一个

就是结识了几位重量级学者，当时谈得最惬意的就是阿瑟。他当时介绍了他与那个酒吧同名的新作。该作品的新思路让我茅塞顿开，从此与经济现象结下了不解之缘。我回到瑞士一个月之后，正好有个新报名的博士生达米安·沙莱（Damien Challet）要开题。我就说，咱们物理人应该把阿瑟的思想换个形式实现，两个月后我们就发表了《少数者博弈论》。没想到该文发表以后，数以百计的物理人也发现经济现象太诱人了，然后就有了经济物理这个新领域。换句话说，如果没有当年阿瑟的启蒙，经济物理等领域会像今天这样吗？

这两本书是阿瑟对他一生工作的总结，与其说是总结，倒不如说是反思。他清楚地认识到人们对经济社会现象的认知是很有限的，这一点他与托马斯·库恩一致。阿瑟以此为出发点分析经济现象，尤其是企业如何创新。他与主流经济学的最大区别是，他认为信息极不完备，而且不可能存在平衡态。受他的启发，我们也在湛庐出版了《重塑》这本书。与阿瑟不同的是，我们仅仅关注消费市场，没有在更大的范围内探讨信息经济的意义，但我们的底层哲理是一脉相承的。

相信阿瑟的《复杂经济学》和《技术的本质》会惠及国内各行各业的读者大众，在对主流经济学摧枯拉朽的批判中，在建立一个大的新理论框架的过程中，这两本书是不可多得的指路明灯。

推荐序三

打开"技术黑箱"的一个新尝试

包国光
东北大学哲学系教授

美国学者布莱恩·阿瑟的著作《技术的本质》是一次打开"技术黑箱"的尝试性的创新探索,对我国的技术哲学和技术创新研究将具有一定的参考借鉴意义。

布莱恩·阿瑟是研究经济的学者,他在研究报酬收益理论时,发现不能回避技术。他给自己提出相互关联的两个问题:技术是什么,以及它是如何进化的。从西方哲学的角度来看,这相当于在追问"技术的本质"和"技术的实存"。《技术的本质》这部书就是对上述两个重要的"技术哲学问题"的分析解答,作者试图建立一个"关于技术的理论"。

布莱恩发现,当代人对技术很熟悉,而对技术整体又很生疏,"我们知道单个技术(individual technology)的历史以及它们是如何生成的细节;我们可以对设计过程进行分析;关于经济因素如何影响技术的设计、技术被接受的过程,以及技术是怎样在经济中扩散,我们已经有了

很精彩的研究；我们对社会如何形塑（shapes）技术以及技术如何形塑社会进行了细致的分析；我们深思技术的意义，追问技术到底是否决定人类的历史。但是关于'技术'这个词到底是什么意思，我们并没有达成共识。这里还没有一个关于技术如何形成的完整理论，没有关于创新由什么构成的深刻理解，没有关于技术进化的理论……这里缺失的是某个一般性法则（principles），它可以赋予主体一个逻辑框架，一个有助于填补这鸿沟的框架"。针对这样一种情况，布莱恩从几乎完全空白的状态开始他的研究，并主要基于三个基本原理（假设）逐级地构建了他的关于技术的理论：（1）技术（所有的技术）都是某种组合，这意味着任何具体技术都是由当下的部件、集成件或系统组件构建或组合而成的；（2）技术的每个组件自身也是缩微的技术；（3）所有的技术都会利用或开发某种（通常是几种）效应或现象。

布莱恩对技术本质的探讨是从分析技术的构成结构开始的。技术有其自身的结构。结构首先是指技术是由零部件构成的。技术的最基本结构包含一个用来执行基本功能的主集成和一套支持这一集成的次集成。技术包含的集成块是技术，集成块所包含的次一级的集成块也是技术，次一级集成块包含的再次一级的集成块还是技术。这样的模式不停地重复，直到最基础水平的基本零件为止。换句话说，技术有一个递归性结构。技术包含着技术，直到最基础的水平。这种组合结构一直分解下去，将到达一类不再属于技术的"现象"或"效应"那里。这些现象具有恒定性和可重复性，独立于人类的技术和科学而存在，在人类的技术活动和科学研究活动中显现并被捕捉。布莱恩举例解释了人们对现象的利用：炼制石油是基于气化原油中的物质会在不同的温度下凝结这样一种自然现象；一个下落的锤子则依赖于动量的传输现象；汽车则依赖汽油或柴油燃烧后产生能量这种自然现象。布莱恩这里所说的"现象",显然不是胡塞尔意义上的"现象",也不是马克思、黑格尔和康德意义上的"现象"。布莱恩的"现象"是自然现象或"自然效应",所有技术都建立在对这种自然现象的利用之上。"自然现象是技术赖以产生的必不可少的资源。所有的技术,无论是多么简单或者多么复杂的技术,实际上都是应用了一种或几种现象之后乔装打扮出来的。"

关于技术的进化和创新,布莱恩提出了技术是"自我创生的"(autopoietic)观点。所有技术的产生或使其成为可能,都源自以前的技术。技术是从已有的技术中产生的,是通过组合已有技术而来的。在这个意义上,技术集合(the collective of technology)的新元素的产生或成为可能,正是源于已有的技术集合,结果就是技术创生于技术自身。这样一来,所有技术产生于已有技术,也就是说,已有技术的组合使新技术成为可能。但同时,布莱恩也强调了:"说技术创造了自身并不意味着技术是有意识的,或能以某种阴险的方式利用人类为它们自身的目的服务。技术集合通过人类发明家这个中介实现自身建构,像珊瑚礁通过微小生物自己建构自己一样。假如我们把人类活动总括为一类,并把它看成是给定的,我们就可以从这个意义上说,技术体是自我创生的,它从自身生产出新技术。"从这里可以看出,布莱恩持有"技术自主论"立场。

纵观全书,作者提出了不少新概念和新见解,如递归性组合、现象、域、链接、自创生、珊瑚礁结构等新概念,以及"技术由技术构成""技术是对现象的编程""技术发明是需求和现象的链接""技术进化的自创生""技术与科学的同源性""经济随技术而进化"等见解,对我国技术哲学和技术创新的研究具有重要的启发作用。

布莱恩对"技术是什么，它是如何进化的"之回答，以及书中的"现象"的优先论、"技术自主论"、"域"本身的转换论等观点，虽然并非无懈可击，但也因得到理论和事实的论证支持而部分成立，这需要我国技术哲学和技术创新研究者进一步深入探讨。

本书的译者从事技术哲学和技术创新的研究与教学工作多年，熟悉技术哲学和技术创新领域的范式和研究状况。她们对原著中探讨的问题与思想有深刻的理解，基本把握了原著的分析思路和思想精髓。译者对原著中的一些新概念术语也给予了妥帖的转化，使读者能够基本准确地领会作者的思想用意。

前　言

技术的追问

人在十几二十岁的时候，常会碰到一些没办法解答的问题，它们可能就此盘踞于心，很久都无法释怀。我是 17 岁开始接受电子工程本科教育的，我很快就意识到，其实我并没有真正理解我所学的东西的本质，即什么是技术真正的本质。尽管那时我可以得到很高的分数，但我认为那只是因为我的数学还不错。教授们解释道：技术是科学的应用；技术是经济中关于机制和方法的研究；技术是工业过程中的社会知识；技术是工程实践。但是所有这些答案似乎都不能令我十分满意，没有哪个答案触及"技术的本性"（technology-ness）这个层次。因而对我来说，它始终是一个未解之谜。

后来，到了研究生阶段，我转而开始着迷于经济是怎样发展并建构起来的这个问题。对我来说，很明显，经济很大程度上是从技术中产生的。毕竟，在某种意义上，经济不过是通过明智地组织技术来满足我们的需求，故而它也会随技术的进化而进化。但如果真是这样的话，技术

是如何产生的呢？它们是从哪里来的呢？经济又是如何引发技术的？准确来讲，技术到底是什么呢？这样一来，我就又回到了老问题上。

其后的很多年，我都没有再过多地思考这个问题。直到 20 世纪 80 年代，当我开始研究收益递增理论时，我的注意力才被重新拉回到技术上。技术，是新的技术产品和生产工艺（例如早期的汽车）通过被应用和被采用而获得改善，之后再获得进一步的应用和采用，在被采用的过程中形成正反馈或收益递增。收益递增向经济学提出了一个问题：假如有两种收益递增的产品（也可以指两项技术）相互竞争的话，领先的那个就有可能进一步领先，并因此主导市场。但是最终赢家却无法确定，其中会有多种可能性。那么赢家是如何被选择的呢？在我的理论进路中，是允许这种随机事件发生的，它会被内在的、连续的正反馈所放大，可以随时间随机地选择结果。如果我们将其看成某种程度的随机过程，我们就可以分析收益递增的情况。这样一来，思路顿开。

为了寻找合适的例子，我从 1981 年开始关注具体技术及其产生和发展的过程。这些考察对我的理论建构都很有帮助，但实际上吸引我的并不是那些直接与收益递增相关的技术，而是在技术呈现之初，那些看起来模模糊糊的状态。我意识到，新技术并不是无中生有地被"发明"出来的，我看到的技术的例子都是从先前已有的技术中被创造（被建构、被聚集、被集成）而来的。换句话说，技术是由其他的技术构成的，技术产生于其他技术的组合（combinations）[1]①。这个观察结果看起来太简单了，以至于一开始会让人觉得并不特别重要，但是我很快意识到，如果新技术是从已有技术中建构出来的，而且被当作一个整体来看的话，那就意味着技术自己创造了自己！后来，我接触到了弗朗西斯科·瓦雷

① 本书中以"1"标注的注释内容详见书后的注释，以"①"标注的注释内容详见每页的页下注。——编者注

拉（Francisco Varela）和温贝托·马图拉纳（Humberto Maturana）的自创生系统理论（self-producing systems）。我知道，如果我直接采用"技术是自我创生的（autopoietic），或者自我创造的（self-creating）"这样的阐述，其实可以令读者印象更加深刻。但是在 20 世纪 80 年代，我根本不知道瓦雷拉和马图拉纳。当时我能做的只是观察这个自我创生的对象的宇宙，惊讶于这种自创生的结果。

　　我逐渐意识到，"组合"可能是弄清楚技术的发明与进化的现实机制的关键所在，在此之前，这些想法还没有被技术思想家认真思考过。我在 20 世纪 90 年代对一些机制有了一些想法，并在 1994 年发表过关于结构深化的文章。与此同时，我也对其他理论有了一些模糊的理解。

　　20 世纪 90 年代，我曾研究了一些其他议题，主要是关于经济中的复杂性和认知的议题。直到 2000 年，我才又开始回过头系统地思考技术以及技术是如何产生的问题。我慢慢悟出，除了"组合"，还有其他原理也在起作用。技术是由部件和零件（集成件和次级集成件）构成的，而集成件自身也是技术。所以技术有一个递归性的（recursive）结构。而且我认识到，每个技术都是建立在某个现象，以及从该现象挖掘出来的某种或几种效应之上的。因此从整体来看，技术是通过捕捉现象并对之加以应用来获得发展的。同时，我也认识到，经济并不太像我接受的教育所暗示的那样，是技术的集装箱，经济是从技术之中产生出来的。经济是从满足我们需要的生产性的方法、法规和组织性安排当中产生出来的，因此经济是从捕捉现象及之后的技术组合过程中发展起来的。

　　为了深入思考，我一头钻进了斯坦福图书馆。一开始，我需要阅读的资料似乎非常多。但是随着阅读与思考的深入，我又觉得可读的材料

实在太少了。这很奇怪，因为关于技术的资料应该和经济、法律法规之类的资料同样庞大、复杂和有趣。我看到图书馆中有大量关于具体技术的文章、丰富的教科书，特别是关于那些流行的技术，如计算技术和生物技术的读物。但是关于技术或技术创新的本质，以及其后续进化的相关文献却很少。这些资料里有工程师和法国哲学家关于技术的沉思，有关于技术的采用与扩散的研究，有关于社会如何影响技术以及技术如何影响社会的理论，还有关于技术是如何被设计、如何发展的观察，但是当我想要追问得更深刻一些，想讨论技术背后的原理，以及建构技术并决定其方式与过程的通用逻辑的时候，却没能发现更进一步的论述。因此我假定，这可能意味着我们还没有一个关于技术的完整理论。

在这本书中，我将讨论所有我能找到的关于技术思考的文献，它们涵盖了来自哲学家、工程师、社会科学家和历史学家等一小撮思想家的相关论述。所有这些讨论都很有帮助，其中最有用的是历史学家们对一个个具体技术形成的细节以及细致的案例研究。[2] 开始，我搞不懂为什么在所有这些思考技术的人里，历史学家在技术和创新的方法和本质方面表达最多，后来我明白了，世界上有更多东西是从技术，而不是战争和条约中涌现出来的，而历史学家当然关注世界是如何形成的，因此就会对技术是怎样形成的更感兴趣。

本书讨论的议题是，技术是什么，它是如何进化的。这主要是在我的两场学术报告的基础上完成的：一个是1988年在圣塔菲研究所"斯塔尼斯拉夫·马尔钦·乌拉姆（Stanislaw Marcin Ulam）纪念演讲"上关于"数字化与经济"的一个讲座；另一个是2000年在戈尔韦的爱尔兰国立大学的"凯恩斯论坛（Cairnes Lectures）"上关于"高科技与经济"的那场报告。本书内容大部分基于上述两个报告，但主要来自"凯恩斯论坛"的报告。

在撰写本书时，我不得不做一些决定。其中之一是，我决定用平实的语言来写这本书（或者我希望它是直白的）。从职业和实质来讲，我是理论家，所以我必须承认这么做会有些顾虑。为大众写作一本关于严肃理论的书在100多年前是很普通的事，但是今天这么做的话，人们很可能会认为你不够严肃。当然，在我最熟悉的经济学和工程学领域里的人要表现得卓尔不群，那就要用专业、晦涩的术语来表达自己的理论。

当然，出于多种理由，要写一本"既严谨又能满足大众阅读需求"的书的想法最终还是胜出了。主要理由是：首先，单纯的诚实性需要。由于研究对象在此之前没有被详细地思考过，所以还不需要晦涩的专业术语的介入；其次，我认为技术太重要了，因此不能为专家所独有，而是需要普罗大众的共同参与；最后，很重要的是，我要激起公众广泛关注这样一个异常美丽的主题的兴趣，关注我所坚信的那个技术背后必定拥有的某种自然逻辑。

最早，我就发现在技术研究领域"用词"本身是个问题，技术中的许多词都被滥用了，比如，"技术"（technology）这个词本身，以及"创新"（innovation）、"技艺"（technique）。它们的内涵往往既相互重叠，又经常相互矛盾。仅"技术"一项就至少有半打的主要定义，而且相互之间多有含义上的冲突。另外几个词又常常引起人感性的联想，比如，"发明"常常会使人不禁在头脑中浮现出一个孤独的发明家独自与"或然性"作战的情景。这种情景会使人误会新技术是来自天才们紧蹙的眉间，而不是衍生于此前的技术。我开始意识到，许多技术思考的困难可能恰恰源自用词。随着研究的深入，我发现自己做的是有点类似于数学

家的工作：首先需要准确界定术语，然后由此逻辑地导出结果和性质。结果将如读者所见，我需要不断地（而且必要地）关注词汇以及它们在技术中的应用，必要时还要引进几个新的术语。我希望能尽量避免这种情况，但是为了讨论需要，还是额外引入了几个术语。

另外，尽管我一直坚持认为在很窄的案例范围内进行论述可能会更方便，但我还是要从更大的范围内选定案例。一位优秀的出版人曾经建议我用铅笔做例子，但是我认为既然对技术而言，存在着一个既适用于计算机算法，也适用于啤酒酿造，既适用于发电站，也适用于铅笔、掌上游戏机和 DNA 测序技术的通用逻辑，那么，案例就应该覆盖所有类型的技术。当然，为了使我的论述更加明晰且省去太多不必要的解释，我会选择读者较为熟悉的技术。

最后，我还要对这本书不想做的事说上两句。首先，它不是对未来社会和环境所做的技术承诺或者威胁，这些论题都很重要，但并不是我在这里要讨论的内容；它不是关于具体技术，不是关于即将出炉的某个新技术，也不是关于某个工程过程的机械论的概述，那些都已经被广泛谈论过了；同时，它也不是关于人类创造技术的讨论。尽管在技术创造过程中的每一步都有人的参与，但是我的注意力将会集中在驱动这个过程的逻辑上，而不是放在卷入其中的人身上，我一开始就决定只讨论直接相关的主题。还有另外几个有价值的主题我只是一笔带过，比如：发明社会学、技术的采用和扩散、成本推动和需求拉动理论、制度和学术团体的作用，还有技术史。所有这些理论都很重要，但是在这本书里都没有着重提及。

尽管本书一定会涉及关于技术的相关文献，但本书并未对其进行回顾。我常常想起刘易斯（Lewis）和克拉克（Clark）的探险[①]：他们每次都从最熟悉的地方开始探险之旅，迅速到达一个新的地方，偶然会回到以前曾被别人占领过的地方。我的这次探险也不例外。我们会遇到一些从前的旅人。在这个领域，海德格尔留下过足迹，而熊彼特的足迹到处都是。此外，还有许多学者对该领域进行了研究，本书或对他们的研究成果有所疏漏，在此向这些探险者一并致歉。

最后一个免责声明是，读者不要因为我写了一本关于技术的书，就认为我对技术情有独钟。脑瘤科医生可能会写关于癌症的书，但是那并不意味着他们希望它发生在某个具体的人身上。我对技术以及技术后果都持怀疑的态度。但我也必须承认，我对科学怀有激情并着迷于技术的魔力，而且我也得承认我热爱飞行器，也热爱老式无线电。

---

① 指由杰斐逊总统发起的美国国内首次横越大陆，西抵太平洋沿岸的往返考察活动。该活动由刘易斯上尉和克拉克少尉担任领队。——编者注

THE NATURE
OF TECHNOLOGY

目 录

技术给我们带来了舒适的生活和无尽的财富，也成就了经济的繁荣。一句话，我们的世界因技术而改变。但是，技术的本质究竟是什么呢？它从何而来，又是如何进化的呢？

02 ┃ 组合与结构　　　　　　　023

新技术都是在现有技术的基础上发展起来
的，现有技术又源于先前的技术。将技术进
行功能性分组，可以大大简化设计过程，这
是技术"模块化"的首要原因。技术的"组合"
和"递归"特征，将彻底改变我们对技术本
质的认识。

03 ┃ 现象　　　　　　　　　　045

无论是简单还是复杂的技术，都是在应用一
种或几种现象之后乔装打扮出来的。技术就
是那些被捕获并使用的现象，是对现象有目
的的编程。我们一直以为技术是科学的应用，
但实际上却是技术引领着科学的发展。

04 ┃ 域　　　　　　　　　　　073

为了共享现象族群和共同目标，或者为了分
享同一个理论，个体技术就会聚集成群。这

种集群就形成了"域"。工程设计是从选择某个域开始的，这个自动和下意识的选择过程叫作"域定"。设计工作就像是用某种语言所进行的写作或表达。

05　工程和对应的解决方案　　　

几乎所有的设计都是某个已知技术的新版本，只有在必要的情况下，才需要一项全新的设计。工程师在寻找解决方案的过程中，把适宜的构件选择出来，让它们组合在一起工作。设计就是选择，组合只不过是工程的副产品。工程的解决方案，又成为发展新技术的新构件。

06　技术的起源　　　　　　　　

新技术可以是根据某个目的或需要发现一个可以实现的原理，也可以从某一新现象出发，找到如何使用这种现象的办法。原理可以借用，也可以是先前概念的组合，或者由理论而来。只有将概念转化为现实，一项新技术才真正诞生。科学和数学中的原创，与技术没什么两样，因为它们同属"目的性系统"。

07 ｜结构深化｜　　　　　　　145

技术一旦走上发展之路，各种各样的版本就
会随之出现。通过"内部替换"，开发人员
可以用更好的部件（子技术）更换某一形成
阻碍的部件。开发人员还可以通过寻找更好
的部件或材料，或者加入新组件进行结构深
化。旧设计和旧原理一经锁定，就会产生新
用途。

08 ｜颠覆性改变与重新域定｜　　161

域并不是若干单个技术的简单相加，它们是
连贯的整体，对经济的影响也更大。任何新
域，都产生于一个已存在的域——母域，而
且参与者开始很少能意识到会发生"颠覆性
改变"。但随着理解的深化和实践的固化，
新域会慢慢脱离它的母域而横空出世，甚至
会极大地提升国家竞争力。

09 进化机制 185

组合是新技术的潜在来源。组合的威力在于它的指数级增长。如果新技术会带来更多的新技术，那么一旦元素数目超过一定阈值，可能的组合数就会爆炸性增长。此外，机会利基也在呼唤着新技术。技术就如同生命体一样，它的进化与生物进化也没什么本质差异。

10 技术进化所引发的经济进化 211

众多的技术集合在一起，创造了一种我们称之为"经济"的东西。经济从它的技术中浮现，不断从它的技术中创造自己，并且决定哪种新技术将会进入其中。每一个以新技术形式体现的解决方案，都会带来新的问题，这些问题又迫切需要进一步得到解决。经济是技术的一种表达，并随这些技术的进化而进化。

11 我们的立场是什么 225

随着基因组研究和纳米技术的发展，生物正在变成技术。与此同时，从技术进化的角度看，技术也正在变为生物。两者已经开始相互接近并纠缠在一起了。我们需要和自然融为一体。如果技术将我们与自然分离，它带

给我们的就是死亡。如果技术加强了我们和
自然的联系，那就是它对生命和人性的厚爱。

THE
NATURE
OF
TECHNOLOGY

01
问 题

技术给我们带来了舒适的生活和无尽的财富，
也成就了经济的繁荣。一句话，我们的世界
因技术而改变。但是，技术的本质究竟是什么
呢？它从何而来，又是如何进化的呢？

关于技术，我百感交集。使用技术时，我总是觉得理所当然；我享受技术带给我的便利，但偶尔也会因技术而产生出某种挫败感；我无意识里对技术怀有疑问，时常暗暗追问它到底对我们的生活做了什么；我更常常沉醉于技术的奇迹——这个由人类创造的奇迹。匹兹堡大学的研究者们开发出了一种技术：在猴子的大脑中植入微小的电极，然后让猴子通过这些电极来控制一只机械臂。结果是，猴子不需要任何诸如颤动、眨眼或者其他微小的动作，而仅仅通过思维（thought）就可以指挥动作的发生。

这里的技术实际上并非特别复杂，它的构成不外乎是电子科学和机器人领域中的标准元器件，包括用来探查猴子大脑信号的一些电路，用来将信号转化成机械运动的一些处理器和机械驱动器，再加上用来将触觉反馈到猴子大脑的一部分电路。[1] 这个实验的真正价值在于理解"意向"（intend）这个动作的神经回路，通过正确的"电路搭接"，就可以让猴子运用这样的回路去移动机械臂了。这种技术对残障人士具有显而易见的好处，但更令人感到神奇的是，当我们把一些电路和机械联动装置（说

到底，就是一些硅晶片、导线、金属丝以及小齿轮等）连起来之后，思维，仅仅是思维就可以引起机械运动！

还有许多事令我感到不可思议。把合金片和矿物燃料放到一起，我们就可以以音速直冲苍穹；把原子核自旋产生出来的信号加以组织，就可以显现出我们大脑中的神经回路图像；我们甚至可以对生物对象（例如酶）进行操作，剪断其 DNA 中微小的分子片段，再将它们粘进细菌细胞之中。所有这些，在两三百年前是无法想象的，现在我们则拥有了这些力量。我们是如何获得这些力量的？对于我来说，这是个奇迹。

大多数人并没有停下来并深入思考技术。我们发现技术很有用，而技术慢慢地变成了我们世界的背景。对我来说，另一个奇迹是，正是这个背景在创造着我们的世界。我们赖以栖息的家园实际上是由技术创造的。假如某天早上醒来后，你发现由于某种神奇的魔法，过去 600 年来的技术统统消失了：你的抽水马桶、炉灶、电脑、汽车统统不见了，随之消失的还有钢筋水泥的建筑、大规模生产方式、公共卫生系统、蒸汽机、现代农业、股份公司以及印刷机，你就会发现，我们的现代世界也随之消失了。如果这奇怪的事情真的发生了，我们的思想、文化可能还在，我们的子孙、配偶也在。当然我们将仍然拥有技术，我们会有水磨、铸工工场、牛车，还会有粗亚麻布、带帽斗篷，以及复杂的教堂建筑技术。只不过，我们也将会再次经历中世纪。

是技术将我们与中世纪分离的，的确，是技术将我们与我们拥有了5 万年甚至更久的那种生活方式分开了。技术无可比拟地创造了我们的世界，它创造了我们的财富，我们的经济，还有我们的存在方式。

那么，技术，这个如此重要的东西究竟是什么呢？在本质上，在最深切的本质上，技术是什么？它从何而来？它又是如何进化的呢？

这些都是我要在本书中追问的。

技术思想前沿

技术的循环：技术总是进行这样的循环，为解决老问题去采用新技术，新技术又引起新问题，新问题的解决又要诉诸更新的技术。

或许我们只需要简单地接受技术，而不必卷进技术背后那些深层问题之中。但是我认为，实际上我是强烈地认为，理解技术是什么以及它是如何形成的，非常重要。这不仅因为技术创造了我们大部分的世界，而且还因为，无论我们是否注意到，在我们这个历史阶段，技术已经令人类感到压迫，感到困扰了。当然，技术的确给我们带来了繁荣。在仅仅两三百年的时间里，技术的发展使一些在以前可能会夭折的孩子现在却得以存活，技术使人类的寿命延长了，使我们比先辈们过得更舒适了，但同时，技术也给我们带来了深切的不安！

这种不安不仅只是来自恐惧，害怕技术给它所解决的每一个问题带来更多的新问题。这种不安还从更深层的无意识中涌现出来。我们寄希望于技术，我们期待技术能使我们生活得更好，能解决我们的问题，能使我们摆脱困境，能为我们和子孙后代提供想要的未来。然而，作为人类，我们实际上不应该和技术如此紧密地结合，而是应该和其他什么东西融合得更为紧密，那就是自然。在最深的层次上，人的存在应该和自然，和我们最初的环境，以及最初使我们成为人的那些条件相融合。我们熟悉自然、依赖自然，源于自然是我们 300 万年的家。我们

在骨子里信赖自然！当我们邂逅技术，比如干细胞再生治疗，我们会心怀希望，但我们也立即会问：这样做是否自然？这样一来，我们会被两种巨大的、无意识的力量所左右：一种是我们人类寄托在技术上的最深切的希望；另一种是我们对自然的最深切的信赖。这两种力量就像是地壳板块在漫长又缓慢的碰撞中，不可阻挡地相互挤压、相互融合。

当然，这种碰撞由来已久，但它更强烈地在定义我们所处的时代。技术在加速创造我们这个时代的议题和巨变。我们从一个用机器强化自然的时代（提高行动速度、节省体力、织补衣服）到达了一个用机器来模仿或替代（resemble）自然的时代（基因工程、人工智能、医疗器械身体植入）。随着我们学习、应用这些技术，我们渐渐从应用自然，发展到直接去干预自然。所以这个世纪上演的故事将是，技术所提供的东西与我们感到舒服的东西之间的碰撞。迄今为止，还没有人下结论说，技术的本质和作用方式是简单的，也没有理由认为在本质和作用方式上，技术比经济或者法律简单。但是我们必须注意，技术正在决定我们的未来以及我们会为之焦虑的事情。

这不是一本评价技术好坏的书，市面上有许多书是专门讨论这类问题的。这本书试图去理解这个为我们的世界贡献良多，同时又引起了我们无意识的不安的技术，它本质上到底是什么。

这又把我们带回了同样的问题，什么是技术？它的最深的本质是什么？它的特性和原理是什么？它从哪里来的？它是如何形成的？它又是如何发展的？以及它是如何进化的？

缺失了本质的技术

一个好的开篇也许应该先这样问：关于技术，我们真正知道些什么？读者可能期望从这里就可以直接得到答案，但那是不可能的。实际上，这几乎是个悖论：我们对技术了解很多，同时又知之甚少。关于一个个具体的技术，我们知道得非常多，但是在一般意义的理解上，我们对技术的了解又很少。我们，或者至少一些人（例如设计者）应该知道许多使用技术的具体方法、实践程序以及机械装置的特性。我们知道生产计算机的每个步骤，计算机的每个部分，以及每个部分的每个部分。我们确切地知道计算机是如何运行的，甚至知道里面电子的运行轨迹。我们还知道处理器是如何与计算机中其他的元器件相匹配的，以及它是如何与 BIOS（基本输入 / 输出）芯片和中断控制器接口的。我们确切地知道所有这些事情，确切地知道每项技术中存在着什么——因为是我们将它们所有的细节安置到位的。技术实际上是人类经验中最完整的已知部分之一。然而关于它的实质——它的存在的最深的本质，我们却知之甚少。

这种知其然不知其所以然的事情并不少见。大约两个世纪前，在法国动物学家居维叶的时代，生物学（当时被称为博物学）是一个关于个体物种和比较解剖学，以及它们之间关系的庞大知识体。居维叶在 1798 年就已经说过："今天，比较解剖学到达了完美的顶点，以至于单看一根骨头，就有可能确定其在生物分类中的'纲'，有时甚至能确定它的'属'。"[2] 居维叶只是略有夸大，自然科学家确实拥有详尽的知识，并且他们洞悉动物之间的家族关系。但是他们没有几条可以把握所有知识的原理。他们不太清楚动物是如何而来的；他们没有一个所谓"进化机制"（如果真的存在的话）可以拿来运用；他们也不太清楚动物是否可以在

局部对自身进行修改，或者说，他们不知道这种改变是如何发生的。所有这些都要等到那些原理被发现之后才能明了。

面对技术，我们也处于同样的境地。我们知道单个技术（individual technology）的历史以及它们是如何生成的细节；我们可以对设计过程进行分析；关于经济因素如何影响技术的设计、技术被接受的过程，以及技术怎样在经济体中扩散，我们已经有了很精彩的研究；我们对社会如何形塑技术以及技术如何形塑社会进行了细致的分析；我们深思技术的意义，追问技术到底是否决定人类的历史。但是关于"技术"这个词到底是什么意思，我们并没有达成共识。这里还没有一个关于技术如何形成的完整理论，没有关于创新由什么构成的深刻理解，没有关于技术进化的理论。还没有一整套总体原理，通过这些原理来给我们的研究主题提供一个逻辑框架，而这个逻辑框架又有助于填补上面所说的那些空白。

换句话说，我们缺失的是一个关于技术的理论—— 一门关于技术的"学"。

技术思想前沿

关于技术的理论之所以缺失，是因为：
- 技术一直处于科学的阴影之中。
- 那些认真思考技术的人大多数是社会科学家和哲学家。

我们还没有明显的理由能够解释为什么会这样。但是我非常怀疑，造成这些空白的一个重要理由是，技术一直处于它久负盛名的"姐姐"——科学的阴影之中，这导致我们给予技术的尊重较少，因此对它的研究也较少。我还怀疑这是因为我们觉得技术引起了我们这个世界许多不和谐事件的发生，在某些无意识层面上，我们觉得技术在智识上是令人反感的——也许不值得深入研究。另一方面，还可能因为我们依稀觉得，既然我们已经创造了技术，我们就已经很了解它了。

还有一个理由，那些最认真思考技术的一般性问题的人大多数是社会科学家和哲学家。可以理解，他们往往从技术的外部将技术当作独立的对象来看待。如蒸汽机、铁路、贝塞麦炼钢法、发电机，所有这些技术被当作看不见其内部的箱子，用经济史学家内森·罗森伯格（Nathan Rosenberg）的术语说就是"黑箱"。技术被"黑箱"藏了起来，其内部无法显现。如果我们希望知道的只是技术如何进入经济生活，以及是如何展开的，那么这种从技术外部看技术的方式是足够的。但是如果我们感兴趣的是那些根本性的问题，这样做就不够了。这就像把动物世界看作不同物种的"黑箱"的集合：狐猴、狝猴、斑马、鸭嘴兽等，不厘清它们之间的关系，没有内部解剖学的比较，其实是很难看清它们是如何相互联系，如何起源以及如何进化的。看待技术也是如此。如果我们想知道技术是如何相互联系，如何起源以及如何进化的，我们需要打开它们，去看看它们内部的"解剖学"关系。

公平地说，社会科学家知道技术是由内部组件（components）构成的。在许多情况下，他们也知道内部组件是如何组合在一起使技术得以产生的。而且部分历史学家曾经"打开"过许多技术黑箱，详细探究了这些技术的起源及其随时间的变迁历程。但是这些"内部思考"大多只是关注某项具体的技术，如半导体、雷达、互联网，而不是一般意义上的技术。如果工程师能够一直担当技术的主要思考者的话，事情可能就不一样了，因为他们是自然而然的"内部思考者"。但有一次，当我问著名的技术专家沃尔

特·文森蒂（Walter Vincenti），为什么绝少有工程师尝试去奠定他们领域的理论基础，他的回答是："工程师只喜欢那些他们能解决的问题。"

技术的进化

我想解决的当然是关于技术的比较深层次的问题之一，即技术是如何进化的？或者我应该问：技术是否会进化？因为还没有毫无争议的观点认为，技术的确是进化的。"进化"这个词有两个一般性的含义[3]：一个是某事物渐进的变化，就像芭蕾或者英国情歌的"演变"，我称这种进化为狭义的进化，或者更像"发展"（development）；另一个含义是指，某类事物的所有对象联结在一起的过程，而其联结纽带也在于它们诞降（descent）自相同的先前对象的集合①。这是进化的完整含义，也正是我所谓的进化（evolution）。

对我来说，技术如何进化是技术的核心问题。我为什么这样认为呢？因为如果没有进化，没有某种普遍的关联性，技术看起来就好像是自己独自产生出来，独自改进的。任何技术都一定来自一些无法解释的心理过程，诸如所谓的"创意"或"跳出原有框架思考"，从而带来新技术，并且独立地发展它。新技术通过进化（如果我们能发现它是如何工作的），以某种精确的方式从以前的技术中"诞生"出来，在此过程中，还需要强大的精神助产士的支持。换句话说，如果我们能够理解进化，我们就能理解那个最神秘的过程：创新。

---

① 阿瑟在这里所用的"descent"一词，也正是达尔文写《人类的由来》（*The Descent of Man*）的书名所用的词，译者参考了商务印书馆潘光旦、胡寿文译本的译注，"descent"一词在书名中译为"由来"，而在正文中译作"诞降"，前辈的深思熟虑值得借鉴，后辈不敢掠美，谨以为识。——译者注

**THE NATURE OF TECHNOLOGY
技术思想前沿**

"进化"的完整含义：某类事物的所有对象联结在一起的过程，而其联结纽带也在于它们诞降（descent）自相同的先前对象的集合。

技术的进化观点根本不新鲜。达尔文的《物种起源》发表仅仅 4 年之后，塞缪尔·巴特勒（Samuel Butler）就提出了"机械王国"理论，希望能够解释"机械中的那个相当于动植物王国中自然选择的部分"。他的论文《机械中的达尔文》充满了时代激情：

> 没有什么比看到两个蒸汽机之间发生可以繁衍的联姻，让我们这个会痴迷机器的物种更期待的了，而这现在居然成真了。如今机器被用来生产机器了，同时它又变成了以后同类机器的父母。当然，距离机器间的联姻与调情，求爱和婚配看起来还非常遥远。

这当然是一种夸张。然而，如果认真来看这篇文章的话，我就不可避免地会认为，巴特勒当时是在努力将技术塞进某个类似达尔文生物进化论的理论框架，尽管那样可能并不适合。

历史记录清晰地表明，现代某些技术确实是其先前技术的后代。巴特勒之后大约 70 年，社会学家吉尔菲兰（S. Colum Gilfillan）对船的谱系（从独木舟到帆船，再到当时的蒸汽船）进行了追踪。[4] 吉尔菲兰是美国历史和社会学学派的少数成员之一，对 19 世纪二三十年代的技术和创新非常感兴趣，而且谙熟关于船的知识。他曾经是芝加哥科学与工业博物馆轮船展厅的负责人。1935 年，他从历史细节中追查、研究船壳

板、壳板板肋、紧固联结件、龙骨、斜挂大三角帆，以及横帆是如何发明出来的（仅仅描述斜桁帆的起源他就用了 4 页纸）；从最原始的漂流物到帆船，所有这些是怎样慢慢地演变的；以及以帆船为原型的发明又是怎样演化成现代的蒸汽船的。但是，这还不是整体意义上的进化，只是狭义的进化，即渐变，一种形态上的延续演变（the descent of form）。吉尔菲兰的例子表明：对于某些技术，比如船，我们是可以追查出一个详细的谱系的。

但是，为了得到技术进化的完整理论，我们还需要更多的东西。我们需要找到一个理由去证明所有技术，而不只是某些技术，产生于之前的技术，还要找到这种繁衍发生的明确的机制（mechanism）。已有的寻找理由的尝试既少又不成功。大多数的努力，像巴特勒所提供的，都是建设性的意见，而不是理论，而且大多直接将其论证建立在达尔文学说之上。其核心思想是这样的：一项给定的技术，例如铁路机车，在某一特定时间内会有许多变体。这是因为它要达到的目的不同，操作的环境不同（你也可以说，它要适应的"生境"①不同），还有不同的设计者提供的设计理念也不同。在这些变种当中，某些变体表现得更好并被选择做进一步的应用和发展，这些变体的细小差异又被传递到未来的设计中去。这样我们就可以跟着达尔文说，"当对个体有利时，通过自然选择，这些小差异会持续地积累，从而导致整个结构更重要的调整"。技术就是这样进化的。

以上论述听起来很有道理，但是很快它就遇到了困难。某些技术，例如激光、喷气机、雷达、计算机快速计算程序以及铁路机车等，在自身刚刚出现时，或至少在即将出现的时候，它们并不是之前技术的样子，

---

① 生态学中环境的概念，亦称栖息地，指生物生活的空间和其全部生态因子的总和。——编者注

这点和新生物种的情况并不一样。喷气机不是内燃机或任何其他先前技术的变种，它也不是在其"前任"技术基础上稳步积累形成的。所以解释这种"新颖性"（novelty），即一种突变的、根本的新颖性，成了技术进化论者最主要的障碍。[5] 根本性的新技术的出现，即相当于生物的新物种的出现，还不能被解释和说明。

一条很极端的出路，就是更刻苦地学习达尔文为学说，然后声称，如果不同的设计者能够引发不同的技术"变异"，那么其中一些变异和它们背后的理念也许是根本性的。因此可以说，技术的进化可以是根本性的和突变性的，也可以是渐进式的。这听上去似乎很有道理，但是如果你仔细观察在实践中如何实现根本性创新，就会发现这种说法根本站不住脚。雷达产生于半导体。你可以对 20 世纪 30 年代的半导体线圈进行任何你喜欢的改变，但是你永远不可能得到雷达。甚至你可以对半导体的理念进行你喜欢的任何改变，你依然得不到雷达。制造雷达需要和制造半导体不同的运作原理。

我不想对技术中的变异和选择置之不理。技术当然会存在于多个版本当中，出色的表现者也当然会被选择，所以后来的形式的确会按照先前这种形式繁衍下去。但是当我们面对主要问题，如根本性的新技术是如何产生的，这相当于达尔文学说中的生物新物种是如何产生的问题，我们就遇到了阻碍，达尔文机制就不好用了。

组合进化

有一种理解技术进化的途径，但是若要理解它，我们需要转换思维。我们真正要寻找的，不应该是达尔文机制如何对产生技术的根本新颖性

起作用，而是"遗传"是如何作用于技术的。如果完整意义上的进化存在于技术中，那么所有的技术，包括新技术，一定是脱胎于之前存在的技术。也就是说，它们一定连接于、繁殖于某种之前的技术。换句话说，进化需要遗传机制——某种连接现在与过去的具体联系。从外部看（即视技术为黑箱的办法），是不可能看到这种机制的，就像我们很难说清激光是怎样脱胎于先前存在的技术一样。

如果我们从技术内部看技术会怎样呢？我们能看到任何能够告诉我们技术中的新颖性是如何作用的东西吗？我们能看到任何能产生一种适合技术的进化论的东西吗？

如果你打开一架喷气机引擎（专业名词叫作航空燃气涡轮发动机），你会发现里面的零部件，压缩机、涡轮增压机、点火系统。如果你打开在它出现之前的其他产品，你会发现同样的组件。20世纪早期的发电系统里面是涡轮和燃烧系统，同时期工业鼓风机单元内部是压缩机。技术继承之前技术的某个部分，所以把那些技术放在一起（组合起来），在很大程度上解释了技术是怎样产生的。这就使得根本性创新原本的不连续特征忽然显得没那么不连续了。**技术在某种程度上一定是来自此前已有技术的新组合。**

到目前为止，只有些许迹象能让我们用来解释新颖性。但是技术是如何被恰当地组建才是我讨论的核心。无论如何，新技术一定是产生于已有技术的组合。

事实上，这个想法，就如进化论本身一样，也根本不新鲜。[6]它已经被不同的人讨论了不下100年。奥地利经济学家熊彼特就是其中之一。1910年，熊彼特27岁，他不仅直接关注组合和技术，而且关注经济中的组合。他说："生产意味着在我们的能力范围内组合材料和动力……生产别的东西，用不同的方法生产同样的东西意味着以不同的方式组合材料和动力。"经济中的变化产生于"生产方式的新组合"。用现代语言来讲，我们可以说它源于"技术的新组合"。

　　熊彼特之所以这么认为，是因为他一直在追问一个看似简单的问题：经济是如何发展的？我们也可以这样问：它是怎样进行结构性变化的？外部因素当然可以改变经济：如果发现了一种原材料的新来源，或者开始和一个新的外国伙伴进行贸易，或者开辟了新的领域，就能改变经济的结构。但是熊彼特问的是：经济能否在没有外界因素的情况下，完全从内部变革它自身，如果能，是怎样改变的？当代流行的学说，均衡经济学认为，那不可能发生。没有外界的扰动，经济将进入一个静止或者说均衡的状态，在均衡状态周围波动，并停留在那里。[7]但是，熊彼特认识到：有一股力量的源泉发端于经济内部，这种力量会打破任何经济内部的平衡。这种能量的来源是一种组合。经济体持续地通过组合旧技术来创造新技术，因此经济也不断地从内部扰动自身的结构。

　　熊彼特的著作直到 1934 年才被翻译成英文，而那时已经有其他一些学者在二三十年代得出了相同的结论：组合驱动变革——或者至少驱动技术创新。另外一位美国学派的成员，历史学家阿博特·裴森·厄舍（Abbott Payson Usher），在 1929 年时曾谈到，发明创造的进步，在于建设性地将先前的元素融入一个新的综合体中。[8]吉尔菲兰自己将其更简洁地描述为：一项发明是"此前技艺（art）的新组合"。在这种观念被抛出后，它偶尔被提起，但没有被援引，部分是因为没有人解释过这种组合是怎样带来新的发明的，熊彼特、厄舍、吉尔菲兰都没

有，其他人也没有。这样说很简单：喷气机是弗兰克·惠特尔（Frank Whittle）和汉斯·冯·奥海因（Hans von Ohain）等发明者已有想法的组合，但是要解释这种组合是如何在原创者头脑里发生的，就不那么简单了。

组合至少为技术新颖性的诞生提供了一个思路。但是这仅仅是把具体某个新技术与之前存在的具体某个技术联系起来而已，但这并没有给我们呈现出全体技术从已有技术基础上构建起来的整体感。因此，我们需要加上第二层论述。**如果新技术真是以前技术的组合，那么现存技术的存量一定在某种程度上提供了新组合所需的部分**。这样一来，以前技术的聚集就带来了进一步的聚集。

这种想法也有其自身的历史。一位与熊彼特年代相近的美国人威廉·菲尔丁·奥格本（William Fielding Ogburn），于 1922 年就提出过这种想法。[9]奥格本是一位社会学家，也是美国学派的成员。他当时着迷于是什么引起了社会的变迁（或者用他的话说，物质文明的变迁）这一问题。和熊彼特一样，他把由以前技术组合产生的发明当作变迁的源泉：似乎物质文化的装置越庞大，发明的数量越多。需要发明的东西越多，发明的数量就越多。这可以解释为什么更"原始"的社会没能发明出现代性的技术，他们没有必要的要素和利用这些要素的知识。有轨电车不可能从上一个冰河时期的物质文化中产生出来。蒸汽动力和机械技术时代使大量的发明成为可能。这里的洞见是了不起的。但是遗憾的是，它止步于此。奥格本没有用它来建构任何技术和技术进化的理论，而这对于他来说可能是易如反掌的。

> 组合进化：之前的技术形式被作为现在原创技术的组分，当代的新技术成为建构更新的技术的可能的组分。反过来，其中的部分技术将继续变成那些尚未实现的新技术的可能的构件。慢慢地，最初很简单的技术发展出越来越多的技术形式，而很复杂的技术往往用很简单的技术作为其组分。所有技术的集合自力更生地从无到有，从简单到复杂地成长起来了。我们可以说技术从自身创生了自身。这种机制便是组合进化。

如果我们将上述两部分放在一起，即新技术产生于已有技术的组合，以及（因之而来的）现存技术会带来未来技术，我们是否能够得到技术进化的机制呢？我的回答是肯定的。该进化机制可以简述如下：之前的技术形式会被作为现在原创技术的组成部分。当代的新技术将成为建构更新的技术的可能的组分（构件）。反过来，其中的部分技术将继续变成那些尚未实现的新技术的可能的构件。以这种方式，慢慢地，最初很简单的技术发展出越来越多的技术形式，而很复杂的技术往往用很简单的技术作为其组分。所有技术作为一个整体自力更生地积少成多、由简入繁地成长起来了。我们可以说技术从自身创生了自身。

我将这种机制称为依靠组合而形成的进化，或简称为组合进化（combinatorial evolution）。

当然，仅仅如我以上所述还不完全。组合不可能是技术进化背后唯一的机制。如果它是的话，现代技术，比如雷达或者核磁共振成像（即医院用的 MRI）应该可以从弓钻和制陶技术，或者任何我们认为存在于

技术发端之时的技术直接创生而来。这样我们就要面对一个问题，即确定这个发端的时间。如果弓钻和制陶技术本身也是由更早的技术组合而来的，那么这些元初的技术（ur-technology）是从何而来的呢？由此我们将陷入无穷的回溯之中。一定有超出组合之外的其他事物在持续创造新的技术。

我认为，这些超出组合之外的其他事物，就是持续地捕捉新的自然现象，并为了特定目的而利用这些现象。在雷达和 MRI 的例子中，所利用的现象就是电磁波和核磁共振的反射，其特定目的分别是探测飞机和诊断疾病时对人体进行成像。**技术的建构不仅来自已有技术的组合，还来自对自然现象的捕捉和利用**。在技术时代发端之初，我们只是直接地识别并利用自然现象：火的灼热、片状黑曜石的尖利、运动中的石头的冲力……我们所有的收获都来自对这些现象的掌握以及对它们的组合。

像这样简单地进行描述比较容易，但是进一步准确、详细地描述则需要更多的工作。我将不得不加以说明，"新技术是之前技术的组合"到底是什么意思。技术不是随机地对现存技术进行组合而成的。所以我需要提供详细的原理，来解释组合是怎样工作的。我们要解释像涡轮喷气发动机这样的技术是如何作为现存技术的组合而产生的。再退一步，这表明，我们需要研究技术是怎样被逻辑地结构化的，因为组合，无论它是如何发生的，肯定都要依据那种结构而发生。我们必须关注人类，特别是人类思维在这一组合过程中的巨大作用。新技术先是精神的建构，之后才是物质的建构。这一精神过程需要仔细探究。我们必须关注技术到底是如何变成了现实：人类的需求是怎样召唤出新技术的创造。我们必须弄清楚技术怎样创造出技术，即新技术从已有技术整体中涌现出来。为了回到问题的根本，我们必须清晰地定义所谓的"技术"。

本书的主题

本书主要论述的是：技术是什么，以及它是如何进化的。我们试图建立一门关于技术的理论，也即可以用来解释技术行为的"一组自洽的一般命题"。[10] 本书尤其想创建的是关于技术的进化理论。

我计划从完全空白的状态开始，将技术的所有相关项都不视为理所当然的。我将基于3条基本原理逐步建构这一理论。第一条我已经谈到过：技术（所有的技术）都是某种组合。这意味着任何具体技术都是由当下的部件、集成件或系统组件建构或组合而成的。第二条是技术的每个组件自身也是缩微的技术。这听起来很奇怪，我将会对这种说法进行辩护。但现在只需要把这句话理解为，由于组件本身和整套技术一样，也是为某个特殊目的服务的，这些组件本身也是技术。第三条基本原理是，所有的技术都会利用或开发某种（通常是几种）效应或现象。

我会在以后的篇幅展开讲这几条原理。但注意，这3条原理立刻会带给我们一种内部的视角来看待技术。如果技术是组合而来的，那么它们就有了一幅内在景象：**技术组件的集成或组合是为了满足它们的目的。** 这种内在性由本身也是技术的组件或子系统构成。我们可以发现，新颖的技术是借由组合已有的技术来触发的，当然这也需要捕捉现象；我们可以发现，通过改变技术内部的组件，用可以改善性能的组件来替代，从而推动技术进步；我们可以把不同的技术看作是用同样的组件构成的，这些组件同样是从之前的技术传承而来。从这个视角开始观察技术，会发现一种技术的"遗传学"。当然这不等价于DNA或细胞，也没有那样美丽的秩序，但是它依然呈现了一种丰富的相互联系的世系。

所有这些听起来很有机——非常有机，其实这一视角也会把我们带

向既是机械性的也是生物性的思路上。可以肯定的是，技术不是生物有机体；几乎从定义上就可以确定，技术是机械性的：不论是排序算法还是原子钟，它们的内部组件都是以可预期的方式来互动的。但是一旦我们将技术以不断组合成新组合的方式展现出来，我们就不太能将其看作仅仅像发条装置那样的独立部件，而是各种工序构成的复合体，与其他复合体交互构成新技术的复合体。这样我们就发现了一个美丽新世界，在这里，作为一个整体的技术从已有技术中形成了各种新技术。技术有机地从内部建造了自己，而这将是本书的主题之一。

这里有个视角的变化，要从将技术看作有固定目的的独立对象，转变为将技术看作可以无限构成新组合的对象。这种视角的转换不仅仅是抽象的，它实际上是技术角色目前正在经历的一个大转换的真实反映。那种标志着制造业经济的旧有的、工业的过程技术，如平炉炼钢过程、提炼原油的裂解过程，确实在很大程度上被固定了。它们只在一个固定的地点生产一种东西，它们加工某种特定的原材料、产出特定的工业品，并且大部分是在分开的、独立的工厂中进行的。但是现在这些相对独立的生产技术已经开始让位给不同形式的技术。这些技术可以很容易地被组合，形成技术模块，可以被反复地使用。全球定位技术可以直接提供方位，但是它几乎不能独立工作。它被当作一个要素，去和其他的要素组合共同为飞机和轮船导航、辅助土地勘探、管理农业生产。它就像一种化学中高度活性的成分（例如氢氧根离子），自己虽然只参与一点，但主导着不同的组合。这种说法也适用于数字革命中的其他元素：算法、交换机、路由器、中继站、网络服务等。同样地，我们还可以如此这般地描述组成现代基因工程或者纳米技术的元素，它们可以在无限的组合中匹配在一起，可以因为不同的目的被装配、再装配，它们也为持续的组合提供可用的基础构件。

现代技术不仅是稍具独立的生产方式的集合，而且已经进化成创造经济结构与功能的开放语言。以 10 年为计算单位来看，慢慢地，我们从生产固定的物理产品的技术转变成，生产为了新的目的可以进行无限地组合和装配的技术。

技术，曾经的生产手段，正在成为一种"化学物质"。

在试图总结出一种技术理论的过程中，我们面对的第一个挑战是去看看我们是否能够从一般意义上谈论技术，这是我们不可逾越的一个前提。我们可以随机选 3 种技术：水力发电、塑料铸模工艺和养蜂，它们似乎无任何相似之处，但是我们将会在下一章看到，在这些技术结合成一体的方式上，实际上存在着同样的逻辑。我们会看到这种组合是如何运作的，技术是如何形成的，技术又是如何发展的，以及技术将如何进化。

但是首先我们必须解决一个更根本的问题，技术到底是什么呢？

THE NATURE OF TECHNOLOGY

02
组合与结构

新技术都是在现有技术的基础上发展起来的，现有技术又源于先前的技术。将技术进行功能性分组，可以大大简化设计过程，这是技术"模块化"的首要原因。技术的"组合"和"递归"特征，将彻底改变我们对技术本质的认识。

当我们说"技术"的时候，我们在说什么？[1]令人烦恼的是，无论是从字典中，还是从技术思想家的著述里，我们得到的答案都很模糊。他们说，技术是知识的分支，是科学的应用，是一门对技术的研究，是一种实践，或者是一种活动。牛津词典以一种可爱而又一本正经的方式解释道："技术是机械艺术的集合，它是一种文化用来运转经济和社会的资源。"可以推测，这里所说的"机械艺术"是指特定的方法、实践或者装置，它们被某种文化加以利用，从而使其发挥经济或社会功能。

所有这些说法可能都没错，况且词语本身通常就有多重含义。但是如果我们接受了以上说法，技术难道就真的是"知识"[2]，或者是"科学的应用"，或者是一门学问，或是某种"实践"、某个"集合"吗？能同时涵盖所有这些含义吗？概念界定之所以事关重大，是因为我们如何看待技术将决定我们如何看待技术的产生与形成。如果技术是"知识"，那么它一定和知识有同样的起源方式；如果它是"实践"，那么它一定是通过"实践"产生的；如果它是"应用科学"，那么它一定以某种方

式从科学中衍生而来。如果这些定义隐含着我们对技术的理解，那么事实上它们并没有被很好地融合起来，甚至是相互矛盾的。

为此，我们需要深入其中。我将回到第 1 章所说的 3 个原理，并着手从头开始定义技术。

技术思想前沿

技术的 3 个定义：

- 技术是实现人的目的的一种手段。
- 技术是实践和元器件的集成。
- 技术是可供某种文化中利用的装置和工程实践的集合。

首先，我将给出本书将会用到的 3 个技术定义。

第一个也是最基础的一个定义：技术是实现人的目的的一种手段。对于某些技术（例如炼油）来说，其目的是不言而喻的；而对于另一些技术（例如计算机）来说，其目的可能就比较模糊又多重，甚至是在不断变化。作为手段，一项技术可能是一种方法、过程或者装置，比如一个特定的语音识别算法，或者化学工程中的过滤法，或者柴油发动机。技术也可以是简单的，比如一个滚动轴承；也可能是复杂的，比如波分多路复用器；它们可能是物质性的，比如发电机；也可能是非物质性的，比如一种数字压缩算法。但无论如何，技术总是完成人类目的的一种手段。

我会用到的第二个技术定义是复数性质的：技术是实践和元器件的集成（assemblage）。比如电子技术和生物技术等，它们是许多技术和实践构成的集合或者工具箱。严格说来，我们应称它们为技术体（bodies of technology）。但是由于用"技术"来指称"技术体"已经非常普遍，因此我将继续采用"技术"这一称谓。

我用到的第三个定义是：将技术视作可供某种文化中利用的装置和工程实践的集合。牛津词典称之为"机械艺术的集合"，韦氏词典表述为"人类创造物质文化的手段的总和"。当我们指责"技术"加速了我们的生活，或者说"技术"是人类的希望时，我们指的就是总体意义上的技术。有时这种含义逐渐变成了一种集体活动，比如，当我们说"技术就是与硅谷相关的一切"的时候。我把这也当作整体意义上的技术的另一种说法。技术思想家凯文·凯利（Kevin Kelly）称这个整体为"技术元素"（technium）。我喜欢这个词。但是在本书中我还是使用惯常的说法——"技术"。

我们之所以需要以上 3 个定义，是因为它们的意义不同，所属的范畴不同。每个范畴下的技术的形成和进化都不同。作为一项单数意义上的技术（technology-singular）——例如蒸汽机，是作为一个新的概念而产生的，并通过修正它的内部构件得以发展；作为一项复数意义上的技术（technology-plural）——例如电子，则往往通过围绕某些现象和器件建构起来，并通过改变它的构件和实践而得以发展；而作为一般意义的技术（technology-general）——所有过去和现存技术的总和，则产生于对自然现象的应用，并随着由旧要素组合而成的新要素的形成，有机地成长起来。

在本书中，我将会更多地涉及第二个和第三个技术范畴，特别是关于技术的整体是怎样进化的问题。但是，本章我将集中讨论单数意义上的技术，因为技术集合是由单数的技术，即一个一个的技术组成的，所

以我们需要确切地弄清楚它们到底是什么，以及什么是这些单数意义上的技术所共享的逻辑。

技术思想前沿

- 技术是实现目的的一种手段，它是一种装置、一种方法或一个流程。
- 技术提供功能，功能指技术要执行的某一类任务。

如前所述，技术是完成目的的一种手段：它可能是一种装置、一种方法或者一个流程。一项技术就是要做点什么，要执行一个目的。为了强调这一点，我有时会把技术看作可执行的（executable）。但这在我们开始进行实际的阐述时，会有一点麻烦。比如把铆接机看成可执行的技术很容易：它被"激活"就是要完成一项特定任务。但是我们如何对待那些好像不能被"激活"的技术呢？比如一座桥——一座桥是可执行一个目标的吗？那么一座大坝呢？我的回答是，这里的每一项技术都有一个进行中的或者预设的任务要执行。桥要承载交通，大坝要储水或提供能量。如果不出意外，这些技术都应该时刻发挥效力。在这个意义上，每个技术都在执行任务，所以说技术是可执行的。

还有一个贯穿全书的词是实用功能（functionality），技术提供实用功能。实用功能是指技术要执行的某一类任务。例如GPS（一种全球定位系统），定位就是它的功能。GPS有许多特殊目的：飞机导航、地面定位及巡航，但是当我们在一般意义上讲GPS的目的时，GPS就是提供定位功能的一种手段。

这样的解读好像已经可以了，但是关于技术的定义还是显得有些混乱。实现目的的手段可能是装置、方法或者流程，它们看起来完全不同，以至于会令人觉得我们所谈论的根本不是一回事情。真的是这样吗？我们试一下，先将方法和流程归为一类，因为它们都是指通过一系列阶段、步骤去转换某些东西，所以具有逻辑上的相似性。但是装置和流程，比如半导体收音机和石油冶炼流程，看起来就完全不同了，一个装置似乎就只是一个硬件，而完全不像是一个流程。但是这仅仅是表面上的认识，一个装置总是按照某个流程处理某件事情，它按过程从头至尾完成既定任务：飞机是"按流程处理"（processes）旅客或者货物，完成将他（它）们从一地运往另一地的任务。如果我们想扩展这个想法的话，一把锤子则可以表达为"按流程处理"一个钉子。

半导体收音机也是"按流程处理"的。[3] 它接收无线电信号，并通过输入天线将其转换成微电压差；接着通过一个共振装置，从信号中（例如某一个特定的电台）选取一个特定的频率；再将结果通过一系列放大步骤进行传递；然后分离出声音或音乐（原声的）信息，将上述结果再一次放大，并把它传入扩音器或者耳机。因此，可以说半导体"按流程处理"信号。在这里，我是完全按照半导体工作原理实际发生的过程进行描述的，而不是隐喻式的。它从空气中抓取信号、提纯它们，将它们转换成声音。这是一个微缩的提取过程，一个我们可以放在掌心的微型工厂。所有的装置实际上都在"按流程处理"着什么。这就是为什么经济学家始终认为技术就是生产手段的原因。

那么反过来，我们能将方法和流程看作装置吗？回答是肯定的。流程和方法，比如炼油或者分类算法，都是操作的序列（sequences of operations）。但是为了执行，它们常常需要一些硬件、一些物理设备才能真正完成。我们可以把这种物理设备看作正在执行一系列操作的"装置"。当然，在炼油的例子中，这个装置显然非常巨大。如果我们将执

行流程的各种装备也包括进来的话，那么流程就是装置。这样看，炼油和半导体收音机就没什么两样了。两者都是"按流程处理"，只是一个是用大型工程设备，另一个是用小型的电子元件而已。

还有一种更一般的方式可以用来表明装置和流程的确可以归于相同的范畴。技术包含一系列操作，我们可以称之为技术的"软件"。这些操作需要物理设备去执行，我们可以称之为技术的"硬件"。当我们强调"软件"时，我们看到的是过程和方法；当我们强调"硬件"时，我们看到的是物理设备。实际上这两个方面都属于技术，但如果只强调一方面，而忽视另一方面，则会使它们看起来好像分属两个范畴，而这只是从不同侧面看待技术的结果。

最后一个想法，实际上是一个问题。当我们谈论"技术"时，比如斜拉桥（例如法国的诺曼底大桥），我们是将它看作装置还是方法？抑或是在谈论那个装置或方法的"理念"（例如斜拉桥的概念）？如果我们意识到，在我们对事物进行抽象和表征的时候，这种情况经常发生，我们是可以给出答案的。比如，当我们谈论一只黑腹缄的时候，有时我们是真的在说一只鸟—— 一只沿着海岸线欢跑的鸟；有时我们谈论的是一种鸟的种属，一种鸟类物种的概念（鸻科）。在这种情况下，依据不同的语境，在实体和概念间转换是完全正常的。

我们同样可以这样来分析技术。我们可以谈论德国克雷菲尔德市附近一个制氨厂所用的哈伯制氨法过程，也可以只将哈伯制氨法作为技术的理念或概念来谈论，而且我们还可以按照需要在现实和抽象之间来回转换。连带的好处是，如果我们接受了把某种事物当作抽象的概念，我们就很容易在概念层面上对技术进行拉近和推远景深的探究。我们可以谈论"波音787客机"这种特殊的技术，也可以谈论"客机"这个一般意义上的技术，还可以谈论"飞行器"这个更加一般意义上的技术。当然，严格意义上"飞行器"是不存在的。但是我们发现抽象概念很有用，比如由于"飞行器"这个概念表明了某些共同部件和构架，因此在评价和谈论这类技术时就可以使用这个词。[4]

技术结构的形成

现在我想回到我在第1章末尾抛出的那个问题，各种技术之间的逻辑是共通的吗？它们在组成方式上有相同的结构吗？

如我所说，答案看起来并不乐观。虽然如此，我们还是能看到技术确实分享了一种解剖学意义上的结构。技术在这方面就像某类动物——比如脊椎动物。脊椎动物无论在结构样式还是外观上都相当不同。非洲河马和一条蛇看起来毫无相像之处，但是它们都有分节、相互连接的柱状结构，以及心脏、肝脏、肾脏和神经系统；它们都左右对称，且全都建立在细胞基础之上。技术的共同结构当然不在于拥有共同的器官。但是无论共同拥有的是什么，它都将是我们讨论的核心，因为它涉及技术怎样被放到一起，是怎样形成的。就像俳句①，其结构过程一定就是指音节是如何被放到一起并最终呈现出俳句形式的。

那么，这些结构在解剖学意义上有什么共同之处呢？

一开始，我们可以说技术是由各组成部分或元器件放置或组合（联结）在一起的。因此技术是为达到某种目的的一种组合。这一组合的原

---

① 这种诗的结构是：每3行必须包含17个音节，分别是第1行有5个音节，第2行有7个音节，第3行有5个音节。——译者注

理是我在第 1 章提到的 3 个原理之一。一台水力发电机集中了几种主要的构件：一个用于储水的蓄水池，一个带有控制阀门和被称为水渠的进水管组成的进水系统，由高位能水流驱动的涡轮机，由涡轮机驱动的发电机，将输出能量转换为高压电的变压器以及排水用的泄流系统或尾水渠。类似的构件或者子系统、子技术（或对于过程技术来说的阶段）是一组能够独立的，可以与其他构件相分离的构件。当然，一些非常基础的技术，例如一个铆钉，可能只有一个部件。我们也可以认为，如此基础的技术也是一种"组合"，就如同数学家允许一个集合里只有一个数一样。再进一步，我们甚至可以承认拥有 0 个部件且没有目的的技术。为了配合正确的数学表达，就像数学里存在空集一样，我们应该承认拥有 0 个部件且没有目的的技术。毫无疑问早就有人这样想过了。

结构首先是指技术是由零部件构成的。如果我们观察到技术总是围绕着一个中心概念或原理，如"事物的方法"或者一个可行的核心理念来组建的话，我们就能看到更多的结构。钟的原理就是依据某个固定频率的节拍来计数。雷达的原理（核心理念）就是发送高频无线电波，然后通过分析来自物体表面的反射信号来探察远处的物体。激光打印机的原理是用计算机控制的激光在硒鼓上"写"映像，再应用基本的电子照相法，使墨粉微粒以静电书写方式粘到硒鼓上，之后再熔融到纸上。

技术思想前沿   技术的最基本结构，包含一个用来执行基本功能的主集成和一套支持这一集成的次集成。

为了能够成为物理实在，一个原理需要以物理部件的形式被表达出来。在实践中，这就意味着一项技术包括一个主要组合体，即一个装置或者方法的基础或支柱，用这个组合体来执行基本的原理。这个支柱由另外一些组合体来支持，这些组合体被用来支持主要组合体的运转，调节它的功能、提供动力以及执行其他次一级的任务。所以，技术的最基本结构，包含一个用来执行基本功能的主集成和一套支持这一集成的次集成。

让我们用这种方式来看一下喷气式发动机。它的原理很简单：在稳定的压缩空气流中燃烧燃料，产生高速气体向后排出。根据牛顿第三定律，这会产生一个等效反作用力。为完成任务，机器会采用一个主集成，包括 5 个主要的系统：进气道、压气机、燃烧室、涡轮和尾喷管。空气由进气道进入，流进由一系列大风扇组成的压气机加压，高压气流进入燃烧室，和燃料混合并被点燃，之后高温气体驱动涡轮运转，涡轮驱动增压机，高温气体从尾喷管高速喷出，进而产生推力。（现代的涡轮风扇发动机前面有一个巨大的风扇，也是由涡轮增压机驱动的，也能产生很大的推力。）

这些元器件形成了核心集成，围绕在它周围的是支持这一主功能的许多非常复杂的子系统，主要包括：燃料输送系统、压缩机反熄火系统、涡轮叶片冷却系统、发动机仪表系统、电气系统等。所有这些集成件和子系统互相配合：燃料供应系统的输出变成了燃烧系统的输入，并通过仪表系统把压气机的表现表征出来。为了支撑这些功能，集成件之间通过复杂得像迷宫似的管道和电线相互连接来传递功能，以便让其他的系统得以应用。

这一建构过程和计算机编程没什么不同。都是要应用一个基本原理，即核心概念或者逻辑，作为编程背后的支撑。完成这个原理需要一套具

有积木一样结构的支撑程序和子程序系统。这在计算机中，常恰如其分地被称为"主程序"。接下来，"主程序"又需要其子功能或子程序的支持。要在计算机屏幕上建立一个图文视窗程序，需要一系列的功能去完成，如规定尺寸、确定位置、展示题头、发表内容、将其放在其他窗口的前面、删除完成的任务等。子功能之间互相需要，以使彼此相互契合。各个子程序就处于不断的相互联系之中，它们不停地"对话"，就如同喷气发动机那样。

实际看来，一台喷气式发动机和一台计算机是很不同的东西。一个是一套物质零件，另一个是一套逻辑指令。但是它们的结构却是相同的：都是由集成块组成的，集成块之间相互联系，共同服务于一个执行某一个基本原理的核心集成，再辅之以其他的互动的集成子系统或组件系统的支撑。

不论是在喷气式发动机还是在计算机程序里，所有的组件之间必须小心地保持平衡。每个部分都必须能够在一个由其他相关部分设定的约束范围内运行，包括温度、流速、荷载、电压、数据类型以及协议等。并且反过来，每部分又都要为依赖于它们的那些组件建立一个适合的工作环境。这意味着在实践中进行权衡一定非常困难。

每个模块或者内容一定要提供刚好正确的动力、尺寸、强度、重量、措施或数据结构来适应其他模块。因而，每个部分都要被设计得与其他部分能够平衡地匹配。

这些不同的模块和它们之间的联系共同形成了一个工作构架（working architecture）。理解技术意味着理解它的原理，以及它是如何将这种原理转化到工作构架中去的。

为什么要模块化

我们现在已经为技术们建立了一个共同的结构，即它们是由零部件组成的组件系统或模块。其中一部分形成了核心集合，其他部分行使支持功能，它们自己可能还有子集合和次级零部件。当然完全没有任何法则规定技术的组分一定要被聚集成集合或功能性的集团。例如，我们可以很容易想象一种完全由单一元器件放置在一起组合而成的技术，然而除了在极端情况下，几乎是没有那样的技术的。

为什么会这样呢？为什么技术应该是从集成件或者单个零部件中被组织结构起来的呢？

技术思想前沿

将技术的构件模块化可以更好地预防不可预知的变动，同时还简化了设计过程。但只有当模块被反复使用且使用的次数足够多时，才值得付出代价将技术分割为功能单元。

几年前，赫伯特·西蒙（Herbert Simon）[①]讲了一个关于两个制表匠的经典寓言故事。假设每只表都集成了 1 000 个零件。一个名叫坦帕斯的钟表匠一个零件一个零件地安装，但是，如果他的工作被打断了，或者丢下一只没完成的手表，他就必须从头开始。相反，另一个名叫赫拉的钟表匠则是将 10 个模块组装在一起，最后组成手表。每个模块又由 10 个子模块组成，每个子模块再由 10 个零件组成。如果他暂停工作或者被打断工作，他只是损失了一小部分工作成果。西蒙的重点是：将零件集成化可以更好地预防不可预知的变动，且更容易修复。对此，我

---

① 著名经济学家，第十届诺贝尔经济学奖获得者，主要研究领域为经济组织的管理行为和决策行为。——编者注

们可以进一步加以扩展，模块将允许技术的组成部分分别进步：可以对每个部分分别加以关注和改进，对工作性能分别进行试验和分析——每个"集成"可以"悄悄地"被探查或者更换而不必解体余下的技术整体。而且这样做还可以允许通过技术的重新配置来适应不同的目的，不同的组装可以根据需要被来回变换。

将技术进行功能性分组（functional groupings）还简化了设计过程。如果设计者要面对数以万计的零件，那么他们将被淹没在细琐零件的汪洋之中。但是如果能够将技术分割成不同的建构模块（例如计算机的计算程序、记忆系统、电源系统），设计者就比较容易加以记忆并分别给予关注，从而也较容易看清这些大一些的零件如何能够互相匹配、共同服务于整体。将技术分割成组或模块，有点像认知心理学中的"组块"（chunking）概念。[5] 我们用它来将复杂的事物（例如第二次世界大战）分解成更高阶的部分或组块（战争的导火索、战争的爆发、苏联的入侵、太平洋战争等），这样我们就能更容易理解和运用它们了。

将技术分割为功能单元需要付出一些代价，至少要有一些精神上的努力。只有当模块被反复使用，且反复使用的次数足够多时，才值得付出代价将技术进行分割。这和亚当·斯密的劳动分工理论类似：斯密指出，只有在生产的数量足够大的情况下，才值得将工厂的工作划分成专业工作。[6] 我们可以说，模块化（modularity）之于技术经济（technological economy），就如同劳动分工之于制造业经济一样。一项技术被应用得越多，分成的模块就增加，经济也因之而发展。或者可以用斯密的话来表达同样的意思：技术的分块随着市场的扩展而增加。

随着功能单元被更多地应用，其被组织的方式也会发生变化。一个模块或集成开始成为一种单个零件组成的典型的松散集团，可以联合执行一些功能。后来，这个集团固化成一种特殊的结构单元。例如，DNA扩增（DNA amplification，一个将小的 DNA 样本复制成亿万样本的过程）在最初只是一种实验室技术的松散的组合，目前它已经内嵌于一种专用结构机体内部了。这里有一条通用的规则：**一开始的一系列松散地串在一起的零件如果被用得足够多，就会"凝固"成独立的单元。技术模块随着时间的推移会变成标准组件。**[7]

递归性及其重要性

我们现在看到很多技术内部的结构了，但事情还远远没有结束。结构还有另外一方面。根据我们的组合原理，技术包含如下组成部分：集成体（assemblies）、系统、单一零件（individual parts，即不可再分的部分）。因此我们可以在概念上将技术从上到下分解为不同的功能组件（functional components，忽略它们是支撑性的还是核心性的），从而将技术分解成主集成（main assemblies）、次级集成（subassemblies）、次次级集成（sub-subassemblies）等，直至分解为最基本的部分，这样会让我们整体地了解技术。

技术思想前沿

- 技术具有层级结构：整体的技术是树干，主集成是枝干，次级集成是枝条，最基本的零件是更小的分枝。
- 技术具有递归性：结构中包含某种程度的自相似组件，也就是说，技术是由不同等级的技术建构而成的。

以这种方式形成的等级呈树形结构[8]：整体的技术是树干，主集成就是枝干，次级集成是枝条等，基本的零件是更小的分枝。当然这不是一株完美的树：枝干和枝条（主集成和次级集成）会在不同的层次交叉勾连、互相作用。树形结构的层级数取决于主干上的枝条，以及那些有代表性的小分枝的数目。对于坦帕斯来说，技术可以分为 2 级：整只手表和单个零件；而对于赫拉来说，技术可以分为 4 级：手表、主模块、次级模块和单个零件。真实世界的技术可以有任何数量的层级数：从 2 级到 10 级或者更多。技术越复杂或越模块化，层级就越多。

到目前为止，除了层级，我们还没有关于结构的更一般的概念。但是，我们可以再多说一点儿。每一个集成或次集成都有一个要执行的任务，如果没有那个任务，它就不会存在。因此，每个部分都是一个目的的手段。因此，就如我先前的定义，每个部分都是一个技术。这意味着，每个集成、次级集成和单个零件都是可执行的——都是技术。于是就出现了这样的结果：技术包含的集成块是技术，集成块所包含的次一级的集成块也是技术，次一级集成块包含的再次一级的集成块还是技术。这样的模式不停地重复，直到最基础水平的基本零件为止。换句话说，**技术有一个递归性结构，技术包含着技术，直到最基础的水平。**

递归性将是我们要讨论的第二个原理。[9]在数学、物理学或者计算机科学之外，"递归"并不是一个广为熟知的概念，其本意是指，结构包含某种程度的自相似组件。当然，在我们的语境中，它并不意味着一架喷气式发动机内部包含着一些小的喷气式发动机，那将是荒谬的。它只是简单地意味着一个喷气式发动机（或者更一般地讲，任何技术）包含的构件也是技术，并且这些构件包含的次一级构件也是技术，并以这样的方式不断重复或再现。

如此说来，技术是由不同等级的技术建构而成的。这暗示我们应该怎样思考技术，也意味着无论我们在怎样的一般意义上谈论单项技术，其实也包含着更低层次的模块或者次级系统。特别是，如果一项技术包括主要模块和支撑模块，那么每个模块或子系统也一定是按照这种方式被组织起来的。

到目前为止，递归性听起来还是比较抽象的。但是当我们在行动中审视它的话，它就会完全变得具体了。我们可以考虑一些复杂的技术，例如 F-35 "闪电" II 型战斗机。（军事案例很有帮助，是因为它们能提供更多的层级。）

F-35 是一种常规战斗机，短道／垂直起降，并且可以舰载起飞。我脑海里出现的是舰载的那种战斗机——F-35C。它是单引擎、超音速隐形战斗机。这意味着它吸收的雷达信号非常少，因此难以被发现。F-35C 拥有倾角表面，具备隐形飞机的典型特征。然而整体上看它的造型还是很优美的，拥有巨大的翅膀，其大部分与机身和尾部相连，机尾是从后面突出来的两个部分，上面固定着互相垂直成 V 形的稳定器。

设计这些细节的原因是，F-35C 在设计上需要实现一系列互相冲突的目标。它需要在结构上足够坚固并且足够重，这样才能承受发射载体和尾钩降落的高强度；同时它还需要保持高机动性和远程燃料供给性能；它需要有优异的低速控制能力以完成在航母上降落，又要能以超过音速 1.6 倍的速度飞行；它需要有多棱折面的外表以躲避雷达的追踪，同时要能够正常飞行。

F-35C 型战斗机有着多重目的：提供近距离空中支援、拦截敌机、压制敌方雷达防御、消灭地面目标。因此，它是一种手段，一项技术——

具有可执行性。

如果我们继续追随 F-35C 型战斗机的层级树到达它的末梢，我们会看到什么？我们可以将它分解如下：机翼与机尾、动力装置（或者发动机）、航空电子控制系统（或者飞机电子系统）、起落装置、飞行控制系统、液压系统等。如果我们单独观察动力系统，我们可以将其分解成常规喷气发动机的子系统：进气装置、压缩机系统、燃烧系统、涡轮系统、喷嘴系统。如果我们只看进气系统，则可以看到，在机身两侧、机翼前面的位置，有两个箱式超音速进气道。超音速进气道调整着进气速度，这样发动机就能在起飞速度和飞行速度为 1.6 马赫时保持同样的进气速度。为此，标准超音速进气道会内配一个移动盖板。而 F-35C 则会更聪明地设计一个凸起，并称之为 DSI（无分流超音速进气道）- 凸起，位置在机身靠近进气口的地方。这个凸起可以预调气流并有助于控制冲击波。我们还可以进一步深入下去：DSI- 凸起这个组件又包括某些合金次结构。

我们已经到达了等级的最底层，最基础的可执行水平。请注意在"单个构件"这个术语背后的循环主题：包含着系统的系统之间相互勾连、相互影响、相互制衡，包含着可执行性的可执行性，以及包含着技术的技术。层级式的安排贯彻始终，直到单个元素为止。

我们也可以向上追溯这些可执行等级。F-35C 是一个更大的系统（舰载飞行联队）的一个执行部分。舰载飞行联队又包括几个歼击机中队以及其他的后勤飞机，其目的是提供攻击力和电子战争能力。舰载飞行联队又是更大系统的一部分：它被部署在航母上。航母也是一个执行部分：它的目的是收留、发送并接收飞机。同时，航母也是更大系统（航空母舰战斗群）的一个执行部分。顾名思义，这是一个围绕在航空母舰周围的船的组合：导弹巡洋舰和护卫舰、驱逐舰、补给船和核潜艇。它们各自都有自己的目的（军事术语称作"任务"）：指明目标、发动攻击、提供给养，因此航母舰队也是可执行的。对于航母舰队来说，它也可能是更大系统的一个部分，比如说集团战区：由航母舰队和陆基航空单位、空中加油机、海军卫星侦察、地面监控，以及海洋航空单位的支持共同构成。这一更大规模的集团战区可能是流动变化的，但是它依然是一个工具——它执行海军作业。所以它也是可执行的。如果我们愿意以这种方式看待它，那么它也是一个技术。

因此我所描述的整个战区系统是一个可执行的"技术"层级结构。它由 9 层甚至更多的层级组成。我们可以从任何一层（任何一个组件系统）进入这个技术，并且发现它也是一个运转着的可执行的层级结构。这个系统是自相似的。当然不同层次的可执行体（executables）在类型、主题、外观和目的上是不同的。空气进口系统绝对不会是 F-35C 战斗机的微型版本。但是在任何层级，每一个系统以及子系统都是一个技术、一种手段以及一个可执行文件。这样看来，自相似性上下传递的是一个拥有许多层的递归性层级结构。

我们可以从这个例子中得出许多一般性的结论。

技术思想前沿

在真实世界中，技术是高度可重构的，它们是流动的东西，永远不会静止，永远不会完结，永远不会完美。

所谓标准的观点，我指的是大多数技术思想家持有的观点，认为技术在很大程度上是自给自足的，并且在结构上是固定的，偶尔会有一些

创新。但这种观点只有我们在封闭的实验室里进行抽象思考时才成立。"在野外"（我的意思是在真实的世界里），一个技术绝少是固定不变的。它会不断地变换结构，当目的改变时，它会去适应并进行重新的配置，之后改进就发生了。一架舰载喷气式战斗机前一天可能充当着一个独立的组件，后一天可能就被指定去保护雷达预警机了，从而成为一个新的临时分组的一部分。如果需要，新结构、新架构可以在任何层级迅速且容易地形成。在真实世界中，技术是高度可重构的，它们是流动的东西，永远不会静止，永远不会完结，永远不会完美。

我们也倾向于认为，在经济的世界中，技术是在一定规模层面上存在的。如果是传统技术过程（纯氧炼钢法），那主要就是在工厂规模上的技术；如果是一个设备（移动电话），就主要在产品规模上。但是在我们的例子当中，集团战区整体可以作为一个技术，同样，在它的飞机控制系统中的最小的一个晶体管也是一个技术，而这两者之间所有的元器件也都是技术。因此我认为，对技术来说，没有什么特征性的规模。

这并不是说在技术中没有"高""低"之分。处于高层级的技术指导或者通过"编程"（正如计算机中的程序）对处于低层级的技术下达指令，并组织它们执行任务。航母按程序指令，让它的飞机去执行它的任务。低层级技术决定高层级技术可以完成什么。集团战区受限于它的航母的能力极限，航母则受限于它的飞机的极限。

我们也可以看到，每个技术都至少是潜在地准备好去成为高一层级技术的一个零部件。一架 F-35C 在原理上可以作为单机完成单一任务的技术，但是它同时也可以作为一个更大的系统舰载空军联队中的一个组成部分，它在这个背景下执行它的任务。这有力地支持了我们的主张：所有的技术可以作为组件为其他的新技术做好准备。

递归性还有一个更深的含义。在技术世界，一个非常普遍的现象是，某一层级的变化一定要与其他层级的变化相协调。F-35C 提供了一套不同于它的前任 F/A-18 大黄蜂的能力。而这意味着，处于比它们高层级的控制和部署它们的航母系统也必须改变自身的组织方式。在以后的章节中，我们将涉及更多关于技术需要在不同的层级中变换的主题，因为这种变换是存在于所有技术当中的。

THE NATURE OF TECHNOLOGY

技术思想前沿

组合不仅仅是将具有匹配的概念或原理的目的聚集起来，它还需要提供一套主要的集成件或模块去执行那个核心理念。为此它必须提供进一步的集成，进而需要更进一步的集成来支撑。而所有的这些零部件和集成件必须合在一起才能奏出和谐的乐章。组合必须是高秩序性的过程。

我在本章讨论了技术的逻辑结构，但是我不想夸大技术间的共同之处。一个航母舰队是一个技术，但是它和威士忌蒸馏过程是非常不同的。尽管如此，我们还是同意独特的技术特征分享共同的解剖组织（anatomical organization）这一观点。每一种装置都来自一个中心原理，并且有一个中央集成（一个装置的整体骨干或者执行方法），加上其他的零部件围绕其周围，令其可以工作并且规定它的功能。这些组件的每个自身都是一个技术，因此它自己也有一个核心骨干，以及附着其上的其他组件。这一结构是递归性的。这种结构的存在带给我们一个重要的启示：组合不仅仅是将具有匹配的概念或原理的目的聚集起来，它还需要提供一套主要的集成件或模块去执行那个核心理念。为此它必须提供进一步的集成，进而需要更进一步的集成来支撑。而所有的这些零部件和集成件必须合

在一起才能奏出和谐的乐章。组合必须是高秩序性的过程。

上述这些观点在我们稍后去探索技术是怎样形成和发展时都会很有用。但是在此之前，我们依然需要回答第 1 章遗留下来的关于技术的一些更深层的问题：最初是什么使技术成为技术的？技术在最根本的本质上的存在是什么？或者换句话说，什么是技术的本质？是什么赋予一项具体技术以力量的？当然不太可能是它的原理，毕竟那只是一个理念。肯定是其他什么东西。

要解答这些问题，就要思考现象以及技术是如何利用现象的，而这正是我们下一章要做的事情。

THE NATURE

OF

TECHNOLOGY

03
现　象

无论是简单还是复杂的技术，都是在应用一种或几种现象之后乔装打扮出来的。技术就是那些被捕获并使用的现象，是对现象有目的的编程。我们一直以为技术是科学的应用，但实际上却是技术引领着科学的发展。

考古学家们可以利用多种技术考证遗迹出现的时间。如果发现的遗迹是有机物，比如动物骸骨之类，就可以利用放射性碳定年法；如果发现了木质的残留物，比如一段柱子或过梁，可以应用树轮定年法；如果发现的是一个火坑，则可以选用古地磁定年法。

用放射性碳元素进行年代鉴定的原理是，活的有机体可以从空气中或通过食物链吸收碳，碳的内部会保有少量放射性同位素——碳 -14，这种同位素会以恒定的速率一直衰减，直到无放射性的标准碳。生物体死亡后，就停止摄入碳了，这样在残骸中残存的碳 -14 开始规则性地衰减，出土时测量其碳 -14 含量，就能相当精确地确立生物体的年代了。

树轮定年法能够奏效是因为树木年轮间的宽度会因降水量的不同而不同。所以在类似的气候或历史时期，树木的年轮会比较相似。通过与已知年代、地域相同的树木年轮样本比较，就可以精确地知道具有同种结构的树木生长的年代了。

古地磁定年法的作用机理则是，地球的磁场会以一种已知的方式随时间逐渐变换方向。火坑里的黏土或者其他材料在燃烧或冷却时都会留

下一些弱磁性，和地磁联合起来考虑，就能提供关于这个火坑最后一次燃烧的时间。

还有另外一些技术可以达到类似目的，比如钾－氩鉴定法、热发光定年法、水化层年代测定法、裂变径迹测定法等。但是我想提醒读者注意的是：这里的每一种方法都是依赖于一系列的自然现象而奏效的。

技术依赖现象是很普遍的。技术要达到某个目的，总是需要依赖于某种可被开发、利用的自然现象或自明之理。我说"总是"，理由很简单，一项技术如果什么都不开发，它就什么都不能获得。这是我提出的第三个原理。它和我之前所说的其他两个原理（组合和递归）同等重要。这个原理是说，如果你要审视技术，你总会在它的核心部分发现它所利用的效应。石油炼制要基于"气化原油过程中不同成分会在不同温度凝结"这个现象。一个下落的锤子则要依赖"动量传递"这一现象（即动量会从移动的锤子上传递到静止的钉子上）。

THE NATURE OF TECHNOLOGY
技术思想前沿

现象是技术赖以产生的必不可少的源泉。技术要达到某个目的，总是需要依赖于某种可被开发或利用的自然现象。无论是简单还是复杂的技术，它们都应用了某一种或几种现象。

现象通常是显而易见的，但有时也很难察觉。我们面对一些非常熟悉的技术的时候，常常会碰到这种情况。比如，一辆卡车应用了什么现象？一辆卡车看起来似乎没有应用任何自然现象。然而，它确实用了一个，或者应该说，两个。一辆卡车的实质是一个平台，这个平台能够自动推进，同时比较容易移动。它自动推进的核心是基于这样一个现象：

某种化学物质（例如柴油）燃烧时会产生能量；而它能轻易移动的核心则基于圆的东西滚动起来比方的东西摩擦力要小（这一现象被理所当然地应用在轮子和轴承上）。后一种现象很难说是一种"自然规律"，它仅仅是一种可用的自然现象，而且看起来似乎很微不足道，但它一旦被开发出来，并应用于所有有轮子或能滚动的东西上的时候，它就变成了一种力量。

现象是技术赖以产生的必不可少的源泉。[1] 所有的技术，无论多么简单或者多么复杂，实际上都是在应用了一种或几种现象之后乔装打扮出来的。

让我用下面的例子来说服你相信这个观点。假定你被要求测量某种不太容易测量的东西。比如你正身处零重力的外太空，而你需要测量一小块金属的质量。这时你不能将它放在天平上，或者把它悬挂成摆锤，或者挂在弹簧下端任其上下振荡，因为所有这些都需要重力。这时你可以把它挂在两个弹簧之间让它振动，或者想办法让它获得加速度，然后测量所需的力，这样你就可以间接测量它的质量了。但是请注意，这里你要寻找的是某个现象或者说某种效应，但是那个效应与你要测量质量这件事可能完全不是一回事。对于所有的技术，你需要一些可靠的现象来建立你的方法。

这样的例子听起来有点像传统本科生的物理试题。比如要求学生用一个气压计、一团线、一支铅笔以及封蜡去测量一栋建筑的高度。我可以举个类似物理试题的例子，它正是始于问题，再通过寻找相应的现象来解决问题的。这是一个现实的技术，实现它需要依赖 4 个基本现象。

题目是这样的：如何探察那些绕着遥远的恒星运行的行星（通常被

称作系外行星）？这个技术是 20 世纪 90 年代由天文学家杰弗里·马西（Geoffrey Marcy）和保罗·巴特勒（Paul Butler）开发的。[2]因为那些行星太遥远了，直到最近，我们才有了可以直接观测它们的望远镜。而那时的天文学家则被迫需要去寻找证据以间接证明它们的存在。马西和巴特勒从一个简单但细微的现象入手：假设恒星是飘浮在太空中的，它们之间有成千上万光年的距离，行星向它们所围绕的恒星提供微小的引力，这引起了恒星的规律的、重复性的振荡。恒星的晃动很轻微，每秒钟只移动几米。而且这种晃动过程实际上无比缓慢，因为它是在行星沿轨道移动数月，甚至数年的过程当中发生的。但是，如果天文学家能够探察到这些晃动，就能由此推断出一个行星的存在。

那么如何才能探察到这样细微的振荡（天文学家称之为"摄动"）呢？这里需要两个现象：一个是，从恒星发出的光能够被分解，形成光谱，因而呈现出连续的、颜色分明的色带（即光频）；另一个是，如果恒星朝我们的方向发生位移，这些线就会产生微小的偏移（即著名的多普勒效应）。马西和巴特勒将这两个现象结合起来，用望远镜锁定一颗恒星，分解它的光，形成光谱，并尝试去寻找谱线上数月或数年间发生的微小变化，从而检测恒星任何一次微小的摄动。这听起来简单，但做起来很困难。行星摄动在光谱上引起的变化太微小了，如果将光谱中一个特定的谱线比作音节中的中央 C，那么马西和巴特勒正在寻找的将是从 C 到升 C 之间的一亿分之一的微小移动。如何才能观察到光谱中那么细微的变化呢？

马西和巴特勒用第四个现象来完成这个任务，这也是他们的最主要的贡献。他们让恒星的光穿过一个碘蒸气小室。当光穿过时，有特殊光谱特征的光会被气体吸收，这样一来，恒星光谱就呈现出像超市的条形码一样的黑色的"吸收带"。这个碘蒸气过滤装置是不动的，所以这条带也不动，成为定尺。这样当恒星向观察者移近或远离时，光谱上的谱线的微小移动就可以被观察到。这项技术的实现需要不断地改进，马西和巴特勒用了 9 年的时间进行完善。尽管如此，为推断出外部行星存在而测量一个星星每秒钟不超过 10 米的位移——这项技术还是太不稳定了。

整项技术更像一个拼凑起来的物理实验，而不像一项高度精密的发明，事实也正是如此。这个例子阐明了如何应用现象的组合去达到目的。其中涉及了 4 个现象：行星的存在引起恒星摄动；恒星的光可以被分解形成光谱；如果恒星相对我们有位移，光谱线就会移动；光穿过气体可以产生一条固定的谱线作为记录恒星光谱中任何变动的基准。通过将上述现象加以合理地选取和组织，就形成了一项技术。之后，在这些效应的辅助下，天文学家们发现了 150 个新的系外行星。

我说过，技术是建立在概念或原理之上的，这和"技术是建立在现象之上"的说法一致吗？首先，原理和现象一样吗？回答是：不一样，至少不同于我所指的"原理"。一项技术建立在"某种原理""某种方法"之上，这是一个技术过程得以开始的理念性基础。原理需要发掘出某个（或几个）现象来完成它。因此，原理和现象是不同的。比如某个特定的对象，如钟摆或石英晶体，会按照一个给定的频率摆动，这是一种现象。利用这一现象来计时，便构成了一个原理，进而产生了时钟。高频无线信号遇到金属，会出现干扰和回声，这是一种现象。利用这种现象，通过发送信号然后接收回声来探察飞行物就构成一个原理，进而产生了雷达。现象只是简单的自然效应，因此独立于人类和技术而存在，现象本身并没有什么用。相比之下，**原理是为达成某个目的而利**

用某个现象的理念（idea），它广泛存在于人类及"使用"的世界。

在实践中，现象在能够被应用于技术之前，一定要被"驯服"，并且做好恰当的准备。天然形式的现象很难被利用，需要巧妙的诱导，它们才能令人满意地运作起来，它们可能只在有限的条件下起作用，所以一定要建立正确的支持方式才能使它们为预设的目的服务。

 现象在能够被应用于技术之前，一定要被"驯服"，并且做好恰当的准备。

这就是我在第 2 章说的支撑技术所起的作用。正如我所说，许多支撑技术是为基本原理服务的，它们为基本原理提供能量，同时管理和规范基本原理。但是也有许多支撑技术是为了支撑现象的应用以及安排它们去正确地实现需求而存在的。马西和巴特勒的碘蒸气室一定要准确控制在 50 摄氏度，这需要一组加热单元来帮助完成；恒星光谱在光谱仪中的分散非常细微，这需要计算机的加盟，以帮助校正；地球本身正在穿越空间，这需要进一步的以数据为基础的算法来加以调整；恒星的光会表现为密集的爆发，这需要更多的计算机算法去帮助筛选出真正的变化。所有这些需求都要求它们有自己的集成件和组件：加热单元需要绝缘和控温组件，计算机算法需要专门编写的软件等。因此，要使现象得以应用，需要大量的集成件和支撑技术。

这里的"模块"，与我在前面说的为了设计或者集装的方便而"组块"相比，有了更深的含义。子系统是技术，它们让实现特定目的所需的现象变得可用，同时子系统技术又有自己所依赖的现象。因此，一个实际的技术会包含许多现象一起作用。一个无线电接收器不仅是零部件的集合，也不仅是一个信号加工厂的微缩版，而是现象聚集而成的交响乐——感应、电子间相互吸引和排斥、电子的发射、电阻电压下降、频率谐振……所有现象都被召集并组织在一起，为一场"音乐会"中的特定目的而工作。

总是有必要去设定那些现象，并且通过把现象分配给不同模块，从而把现象分开。我们不会在一个电子设备的内部将电容器放在感应器旁边（因为那样会导致不必要的振动）；我们也不会在飞机发动机里面的测量压力下降的装置旁边放置燃烧装置，我们会将这些现象分配到不同的模块中去。

技术的本质

相对于只将技术看作实现目的的手段，我们现在有了更直接的描述：技术是被捕捉到并被使用的现象，或者更准确地说，技术是那些被捕获并加以利用的现象的集合（a collection of phenomena）。我在这里用的是"捕捉"这个词，但是还有许多词可以用。我还可以说，现象是为了某种目的而被驾驭、控制、缚住、应用、采用、利用或者开发的 。然而在我的心中，"被捕捉并使用"是我认为最确切的表述。

从本质上看，技术是被捕获并加以利用的现象的集合，或者说，技术是对现象有目的的编程。

这种观察将我们带回到本书一开始提到的那个问题：技术的本质是

什么？在最深的本质上，技术是什么呢？对我而言，答案就是我们刚才所说的：技术就是被捕获并使用的现象。或者反过来说，技术是被捕捉并被使用（put to use）的现象的集合。它之所以是核心所在，是因为一个技术的基本概念，即使技术成为技术的东西，总是利用了某个或某些从现象中挖掘出来的核心效应。在本质上，技术是指向某种目的的，被编程了的现象。我这里特意用"被编程"这个词，是要强调使技术成为技术的现象是以一种有计划的方式被组织起来的，它们为"使用"这个目的而"共谱乐章"。

如此一来，我们可以用另外一种方式来表述技术的本质：技术是对现象的有目的的编程（programming）。

这个编程过程不一定十分明显。如果我们只想从技术外部审视技术，也没必要将这种内在的编程呈现出来。比如，当我们从外部看喷气式发动机时，我们能看到的只是它能够提供巨大的动力。在这个水平上，发动机只是一个手段，一个提供推力的装置。它可能是一个非凡的装置，但是我们仍然认为它不过是个装置。如果我们再深入一点儿，比如说为了维修，需要取下引擎罩，我们就可以看到它是一个由零部件构成的集合——一团管子、系统、电线、叶片等缠绕在一起。这时，这个电机已经是一个可见的可执行组合了。尽管这样看技术，可能会令人印象深刻一点，但是好像也就仅此而已。如果再继续深入一些，超出那些可见的部分，则会发现发动机真的是将一些现象"编程"在一起进行合作，是一场现象的"合奏"。

这里所涉及的现象没有一个是神秘难懂的，其中大多数甚至是相当基础的物理现象。在此列举几种现象，括号内是那些偶尔使用它们的系统：当能量传递时，流体流速和压力可以改变（压缩机系统）；碳分子在高温和氧气混合时，会释放出能量（燃烧系统）；在源与汇之间大的温差会产生较高的热效率（燃烧系统）；不同器件之间的分子所形成的薄膜使它们能更容易地相互滑过（润滑系统）；流体撞击到移动着的表面可以产生"功"（涡轮系统）；荷载会使材料倾斜（特定的测压装置）；荷载可以由物理结构传递（负荷轴承和构件）；流体运动增加会引起电压下降（伯努利现象，用于流量测定仪器）；物体以一定速度被射出会产生大小相等、方向相反的作用（风扇和排气推进系统）。我们还可以加入更多的机械现象，进而我们也就可以增加更多的电器和电现象，使其成为电机控制、感应以及仪表系统工作的基础。继续列举下去，还可以增加光现象等。每个系统都会开发一些现象，每个系统都是整个装置的"分形"，因此现象的开发会不停进行下去，直至最基础的部分。

大量的现象被捕获之后，会被封存在各种各样的装置中，并被重复使用。这意味着在成千上万的零部件中，有些现象被成千上万次地重复使用着。所有这些现象被追踪、捕获、分类，然后恰到好处地在适当的温度、压力以及气流条件下产生作用；所有这些现象又恰好在适当的时刻，步调一致地产生作用。这些现象会忽略掉那些极端的振动、热量或者压力，而维持应有状态。当所有这些现象作用在一起，并产生了上千万磅的冲击力时，我们就不能再对其坐视不理了，因为这时，它们已变成了奇迹。

这样来看，操作过程中的技术（例如喷气式发动机）不仅仅是工作中的一个物件，而且还是一个新陈代谢的过程。这不是一种令人熟悉的看待技术的方式。但是我的意思是，技术变成了一系列交互作用的过程，即一系列被捕获的现象的互相支持、互相利用、互相"交谈"，就如同计算机程序中的子程序之间的互相"呼应"（calling）一样。这里的呼

应不一定需要像计算那样要有先后顺序,它可以是持续的、连续不断的交互作用。一些组件开启,另一些关闭,还有一些会持续工作;一些组件前后相继,另一些则并行不悖,还有一些只有在非正常情况下才会介入。

对于像飞机发动机这样的装置技术,这种呼应要求给定组件的运行要并行且持续,比如压缩系统需要在高压空气持续供给的条件下"召唤"或执行。这很像计算机算法中的并行操作,它们总在相互"交谈",而且会持续互动。对于方法技术(例如工业过程和算法),呼应则更倾向于前后相继。它更像标准的计算机顺序操作程序,但仍然是一种交互的动态过程,一种新陈代谢。

这样看,技术就不仅是手段而已。技术是为了某个目的而对现象进行的编程。技术是为了让我们能够使用而进行的现象的"合奏"。

技术思想前沿 | 基因是生物进化的基本单元,与此类似,我们可以把"现象"称为技术的"基因"。

这就有了一个推论。我在第 1 章曾说过,技术中没有纯粹的基因,但那并不意味着在技术进化的过程中完全没有和基因相似的东西。我认为,"现象"就是技术的"基因"。当然这种比喻并不十分贴切,但是这么想是很有帮助的。我们知道生物是通过激活基因来创造自身结构的,比如蛋白质、细胞、糖分等。以人类为例,人类大约有 21 000 种基因,而且在果蝇和人类之间,或者人类与大象之间,这个数字不会相差太多。单个基因与构成某种结构之间没有直接的关联,某一个基因是不能创造出眼睛,或者哪怕是眼睛的颜色的。现代生物学表明,创造了结构形状和形式的巨大变异的是基因组合，它们扮演了构成程序语言的元素。这个过程类似于将音调、节奏以及乐句结合起来，使之成为一种语言，从而创造出不同的音乐结构。生物性状和物种也是通过对那些几乎一样的基因加以"编程"，使它们以不同的顺序被激活而创造出来的。

技术也是如此。每个技术都是通过对一组固定的现象以不同的方式进行"编程"创造出来的。当然，随着时间的推移，新的现象、新的技术"基因"会不断加入进来。现象不是直接地被组合，它们首先被捕获并表达（expressed）为技术的元素，然后才能被组合。尽管比起生物基因来，可用的现象要少得多，但我们还是做了这样的类比：**生物对基因加以编程从而产生无数的结构，技术对现象加以编程从而产生无数的应用。**

有目的的系统

到此，有些读者可能会有些疑问，对此我要进行一些说明。我将技术定义为实现目的的手段，但是除了技术，还有许多可以被定义为实现目的的手段，但完全不像是技术的事情，比如商业组织、司法系统、货币系统或者合同，它们都可以被称为实现目的的手段。在这个定义下，它们也都是技术。进一步讲，它们的次生部分，例如组织或部门的分支，也是带有目的的手段，因此它们也具备了技术的性质。但是，总是感觉它们缺少某些"技术的本性"的东西，那怎么办呢？如果我们不接纳它们为技术，那么我的关于技术的定义就失效了，但是如果我们接纳它们为技术，我们则需要分析如何划定界限：马勒交响乐是技术吗？它也是实现目的的手段吗？比如说，它提供了一种感觉体验，而且它也有实现目的的组件。马勒是工程师吗？他的第二乐章（请原谅我这种双关用法）

是为着某个目的而对现象进行的"合奏"吗?

我本来想通过把技术限定在设备和方法手段上来将这个问题回避掉,但是我现在不打算这样做。如果我们能习惯于把所有的手段,如货币体系、合同、交响乐、法律条文以及物理性的设施和方法,都看作技术的话,那么与我已讨论的装置和原理相比,技术的逻辑就会适用于更加宽广的范畴,讨论范围也会因此扩大。

所以让我们先来看看为什么某些技术不太像标准的技术。货币是以交换为目的的手段,因此符合技术的定义要求(我这里谈论的是货币体系,而不是我们携带的硬币或者纸币)。它依据的原理是所有稀缺资源都可以作为交换的中介——黄金或者政府发放的纸币都可以,实在不行,香烟或者尼龙也行。货币系统利用了这样一种现象:只要我们相信其他人会相信一种交换媒介是有价值的,而且这种信任会在未来持续下去,我们就会相信这个系统。需要注意的是,这里的现象不是物理性的,而是行为性的,这也就是为什么虽然"钱"满足了技术的定义,但不太像技术,因为它不是基于一个物理现象。同样的理由可以解释我上面列出的那些不像技术的技术,也就是说,它们基于的现象是属于行为性的或制度性的,而非物理性的。

我们说雷达、发电机更像技术,是因为它们基于的是物理现象,而合同、立法系统等之所以不太像技术,则是因为它们基于的是那些非物理的现象——组织性现象或行为性现象,或者甚至是逻辑或数学的现象(例如算法)。可以说,**判别标准技术的标志就是看它是不是建立在物理现象之上的**。

那么我们又该如何对待这些基于非物理现象的技术呢?为了本书的

论述，我们当然可以承认它们都是技术，而且我们的确准备这样做。但同时我们也会承认，在日常生活中，它们确实通常不被看作技术。马勒的一部交响乐只是一次审美体验而已，而一个软件公司也就只是一个组织。但是即使我们选择这样看待它们，我们也应该在心中牢记它们也是"技术"。马勒是在我们头脑中对现象进行了深思熟虑的"编程"：他在我们的耳蜗神经核、脑干、小脑、听觉皮层建立反射。因此，至少在这个意义上，马勒确实是一位工程师。

我们换一种说法，看看能否更简单明了地表达这个意思。如果仔细阅读，你会发现，本书一直讨论的是某类系统：我称之为目的性系统（purposed systems）。目的性系统是所有"实现目的的手段"的总体，既包括基于物理现象的技术，也包括基于非物理现象的技术。我们倾向于将某些手段，例如雷达、激光、核磁共振，称为传统技术，而将另一些手段，例如交响乐和组织，称为目的性系统。即便它们符合技术的特质，它们也更容易被理解为技术的"亲戚"。我们约定，大部分的讨论会针对狭义的物理技术，但是如果需要，我们也可以将范围扩展到非物理性的目的性系统。

技术思想前沿

目的性系统，是所有"实现目的的手段"的总体，既包括基于物理现象的技术，也包括基于非物理现象的技术。

上面的讨论貌似有点离题，但实际上它帮助我们确立了讨论的范围。我们认为，乐器、货币、法条、制度以及组织等，即使不依赖于物理现象，它们也确实都是手段或目的性系统，因此都应该在讨论的范围之内。只要进行适当的调整，我之前提出的技术的逻辑对它们也同样适用。

捕捉现象

我在本章中提出，现象是所有技术的来源，技术的本质隐藏在为达成目的而去组织、协调现象的过程之中。接下来的问题是：在最初，我们是怎样揭示并驾驭现象的呢？

我认为，现象是隐秘的，如果不去发现或发掘，现象是不能显现的。当然它们也不是随机散乱分布的，而是团聚成各种相互关联的现象簇，这些现象簇各自形成不可见的效应，例如光学现象、化学现象、电学现象、量子现象等的"矿层"或"矿脉"，在漫长的时间中，现象簇里的效应一个一个被缓慢地、偶然地开采出来。越是浅层的效应，比如人类早期掌握的木头摩擦可以生热并生火的效应，是意外事件或偶然开发的结果；更深层的效应则像是矿层，比如化学反应，其中某些效应的发现得益于早前的专家，但对这些效应的全面发现则需要系统的研究。对于隐藏最深的效应，比如核磁共振的量子效应、隧道效应或受激辐射等，则需要知识的积累和现代技术来揭示了。它们的发现需要现代性的发现或再现的方法，换句话说，它们需要现代科学的帮助。

那么，科学是如何揭示新效应的呢？当然科学不可能直接揭示新效应。从定义上来说，新效应就是未知的。科学往往是通过挑选不同于预期的事物来揭示效应的。比如某个研究人员在这注意到某些东西，某个实验室在那又忽视了某些东西，但之后又能发现那些细微线索。伦琴（Röntgen）是在操作克鲁克斯放电管（实际就是阴极射线管）时，发现几十厘米远的覆盖着氰亚铂酸钡的纸板微微地泛有红光，就这样偶然发现了 X 射线。有些时候，现象的蛛丝马迹是通过理论推理获得的。普朗克就是通过解释黑体辐射谱的理论探索，"发现"了量子（或者更准确地说，引入了能量可以被量子化的观念）。一个新效应的显现通常是作为某种尝试的副产品。例如作为基因技术的核心现象，DNA 碱基配对互补的现象（即碱基 A 和 T 匹配，C 和 G 匹配），就是沃森和克里克在尝试建构 DNA 的物理结构模型时的副产品。

技术思想前沿

揭示新现象有 3 种途径：

• 重新关注在实验过程中被忽略的细节。

• 通过理论与推理寻找现象的蛛丝马迹。

• 某种尝试的副产品。

如此看来，新效应的发现好像是逐步地、各自独立地进行的。但实际上并不尽然。通常，一个现象簇内已知的效应会导致后面效应的发现。1831 年，法拉第发现了电磁感应现象。[3] 他先用铜丝缠住一个铁环的半边，然后连上电池，这样在铁环内就产生了一个强大的磁场。然后他将铁环的另一边也用铜丝缠上，当他转换磁场时，会在第二个线圈中引起或"感应"出电流。他用磁罗盘检测后发现"磁针会立即敏感地产生反应"。同样，断开电源时，磁针也会偏转。法拉第据此发现，一个变化的磁场会在附近的导体中产生电流。

我们可以说法拉第应用了科学的洞察力和实验完成了这个发现，事实也确实如此。但是，如果我们再深入一点，就会看到，法拉第发现、理解感应现象应用的仪器是建立在以前的发现基础之上的。换句话说，他所使用的电池应用的是以前发现的电化学现象；线圈缠绕在铁之类的磁性材料上会产生强磁场的现象是由荷兰乌特勒支城的格里特·莫尔（Gerrit Moll）此前刚刚发现的；而他用的电流探测仪的原理

则源于汉斯·奥斯特 11 年前关于电流会使磁针偏转的发现。总之，法拉第的发现之所以成为可能，是因为此前已有相关的现象被理解和驯服了。

对于现象，这种情况很普遍。随着一个现象簇被不断发掘，先前发现的效应为此后效应的发现提供了方法和启示。一个效应引发另一个，然后是下一个，直到最后相关现象的整个矿脉都被发掘出来。一个现象簇形成了一个井下硐室，硐室之间由矿层或巷道相连，一个通往另一个。然而这还不是全部，一个硐室，一个现象簇，会通过巷道通往任何硐室，即使通向完全不同的现象簇也可以。比如，先前的电现象就导致了后来量子现象的发现。现象构成一个被发掘出来的相互联系的硐室和巷道系统，而且整个地下系统都是可以相互连通的。

一旦现象被挖掘了，它们又是如何被转化成技术的呢？这是我们后面要详细探讨的问题。现在，让我仅就其本身的性质进行一下说明。现象在本性上就是可以做点什么。当人们意识到这个潜在用途时，就可以驯服它做事了，比如将变换磁场感应电流这一现象转化为发电的手段，两者之间其实并不特别遥远。

当然不是所有的现象都能够被驯服利用，但是，一旦一个现象簇被发现，就会有一连串的技术随之而来。1750 —1875 年，主要的电现象，例如静电效应、电蚀作用、由电场和磁场导致的电流偏转、感应现象、电磁辐射，以及辉光放电现象都被发现了。随着对这些现象的捕捉和驯服，随之而来的是一系列的方法、工艺及设备，其中包括电池、电容和电感、变压器、电报、发电机和电动机、电话、无线电报、阴极射线管、真空管等。

现象是以累积式建构起来的。现象首先被捕获，然后这现象被用于制造设备，并接着进一步揭示新现象。

当先前的现象在仪器设备等的共同帮助下揭示了后面的现象时，这种累积式的建构过程就缓慢地发生了。如此这般，现象不断地将自身揭示出来，步步为营、累积式地前进——首先现象被俘获，然后应用这些现象制造设备，接着进一步揭示新现象。

技术与科学

当然，这一切的发生都需要理解，或者至少需要知道关于效应以及如何利用这些效应的知识。那么，这种知识在哪里呢？很明显，知识，即信息、事实、真理、一般原理，对我们正在关注的这个主题至关重要。让我以尖锐的方式再问一遍同样的问题：现象的正式知识（科学）在哪里呢？科学又是如何与现象的使用联系起来的？或者可以直接问，科学是如何联系到技术本身的？

科学与现象的关系：

• 科学提供观察现象的手段。

• 科学提供与现象打交道时所需的知识。

• 科学提供预测现象如何作用的理论。

• 科学提供捕获现象、为我所用的方法。

科学对于发现现代现象以及那些隐藏更深的效应集群，并据此建构起技术来说，无疑是必要的。它提供观察现象的手段，与它们打交道时

所需的知识，预测它们将如何作用的理论，以及捕获它们为我所用的方法。因此，在我们和现代现象打交道的过程中，科学的介入很有必要。这样讲没什么不对，甚至是无法反驳的，但是接下来的推论则一直是学术界具有争议性的焦点：科学发现新现象，而技术则利用了它们，所以看起来科学在发现，而技术则在进行应用。

技术就是科学的应用吗？这种观点当然有它的支持者。已故的杰出工程教授约翰·曲克索（John G.Truxal）就曾宣称："技术，就是应用科学知识来达到人类特定的目标。"[4]

那么，技术真的就是科学的应用吗？仅此而已？我认为不是。至少真相要比这复杂得多。过去许多技术（例如动力飞行）的诞生都几乎与科学毫无关系。事实上，直到 19 世纪中期，技术才开始大规模地向科学进行"借贷"。科学之所以在这个时候链接到技术，不仅是因为它能对结果提供更多的洞见和更好的预测，还因为一些新的现象簇开始被揭示了，比如电学和化学的现象簇，而就它们的规模或所处的世界而言，如果不借助科学的方法和仪器，人类就无法直接观察到。在拿破仑时代，要建造一个传递信息的巨大的木制双臂信号装置，常识就已足够。但是如果想创造一种用电进行信息传输的方法（类似电报），则需要关于电现象的系统知识。技术之所以应用科学，是因为这是去理解深层现象的工作机理的唯一的方式。

但是这并不意味着技术人员只是向科学思想伸手，然后简单地对其加以应用。技术人员应用科学思想就如同政客们应用已故的政治哲学家们的思想一样，他们日复一日地使用这些思想，对其起源的细节却知之甚少。但这并不是出于无知，而是因为起源于科学的那些思想会随着时间的推移被消化吸收到技术体自身当中，例如融入电子工业或生物技术。它们在这些领域中与经验和特定的应用融合在一起，创造出它们自己固有的理论和实践。所以，断言技术只是科学的"应用"是幼稚的，毋宁说技术是从科学和自己的经验两个方面建立起来的。这两个方面堆积在一起，并且随着这一切的发生，科学会有机地成为技术的一部分，被深深地融入了技术。

技术也同样被深深地融入了科学。科学需要通过观察和推理，来获得其洞见，但正是对方法和设备的利用才使得观察和推理变得可能。科学可不是在很小的程度上利用仪器和方法——利用技术，来观察自然界。在开创现代天文科学方面，望远镜与哥白尼和牛顿的推理同等重要。如果没有 X 射线衍射的方法、设备以及提取和纯化 DNA 所必需的生化方法，沃森和克里克也不可能发现 DNA 的结构（以及其后的互补碱基对现象）。没有观察和理解现象的仪器，没有显微镜、化学分析方法、光谱学、云室、测量磁电现象的仪器、X 射线衍射分析方法以及大量衍生方法，现代科学根本不可能存在。虽然我们通常不这样看，但上述所有这些其实都是技术，科学正是从这里出发并建立起它的理论的。

那么科学实验呢？它们也和技术有关联吗？当然有些实验只是寄希望于幸运的发现而进行探索。但是严肃的科学实验一定系统地探索大自然的运作，并且在头脑中总带有一个明确的目标。因此，它们是实现人类目标的工具，它们是技术意义上的方法，通常包含或体现在物理仪器之中。当罗伯特·密立根（Robert Millikan）在 1910 年和 1911 年实施他那著名的油滴实验时，他的目的是测量一个电子的电量。他建构（组合）了一个方法来完成这件事。这个理念，或曰基本概念，就是将很少数量

的电子附着在很微小的油滴上，使用已知强度的电场，控制带电油滴的运动（带电粒子在电场里会被吸引或排斥）。在重力和电场力交替作用下，让油滴反复上升、下落若干次。通过测量油滴在已知电场（并单独算出它的大小）的运动，密立根就能计算出电子所带的电量。

密立根用了 5 年多的时间来不断完善实验方案，以不同的方式尝试改进实验方法。[5] 在最终选定的测量方式当中，他选择用喷雾器喷出微小的油滴，然后将负电荷（电子）附着在这些油滴上面。这样他可以通过显微镜挑选出特定的油滴，让它在重力（没有磁场）作用下在两条水平十字准线之间自由下落，测定油滴在空气中坠落的时间，再运用斯托克斯流体运动方程最终确定电荷的大小。然后再切换成正电场，使带负电荷的雾滴向上飘移或静止不动，达到和重力制衡的效果。由油滴的运动速度（或必要的控制电压）及大小，就可以计算出它的电荷。密立根以这种方式观察了几十个油滴，发现油滴所带的电量总是某一个最小固定值的整数倍，并和附着在油滴上的电子数相对应。密立根因而得出结论，最小的整数值就是一个电子的电量。

像所有优秀的实验一样，密立根的实验优雅、简单。但是我们要注意它的实质所在，即它是达到目的的一种手段，是一种技法（technique）或方法技术（如果你注意到其中的步骤的话）。这些步骤发生在各个组成部分（喷雾器、油滴室、带电板、电池、离子源、显微镜）的建构过程中。而这些组成部分本身也是实现目标的手段。事实上，在密立根的工作中，最引人瞩目的是他倾注在建构实验方法上的努力。因此，他为之奋斗了 5 年时间的任务，他对测量方式的完善，实际上是技术性的：他需要不断地、一件一件地完善各个零部件，即那些构成实验装置的集成配件。密立根本来是在探究一种现象，这完全是科学的方式，但是为完成这种探究，他建构的却是一个方法—— 一种技术。

这正是科学探索的方式。它使用仪器和实验等技术形式来回答特定的问题。但是，科学的自我建构当然不止这些。它用科学的解释、推理和理论建立了自己对世界如何运作的理解。我们确实可以说，至少从这些方面来看，科学是远离技术的。

但也不尽然。解释、说明这类事当然不太像是技术，但它们是带有一个目标的建构。它们的目标是弄清楚这个世界上被观察到的一些特征是如何运作的，它们的内容是一些依规则组合在一起的概念性要素。所有的解释都是从相对简单的部分建构起来的。当牛顿"解释"行星轨道时，他建构了一个概念的版本，这个概念版本从质量、质量间的重力作用以及它的运动定律等更简单的部分开始建立起来。也可以说，他建构了一个关于行星如何绕轨运行的数学"故事"。这个故事是从已有内容和规则的基础上讲起的。由此我们甚至可以将牛顿的理论，或其他解释性理论也称作技术了。如此一来，我们便乐见，科学也是目的性系统，它拥有技术的形式，或者至少可以说它是技术的"堂兄弟"。

由此可见，**科学不仅利用技术，而且是从技术当中建构自身的**。科学的这种自身建构当然不是来自桥梁、钢铁或运输这些标准技术，而是从仪器、方法、实验以及它所采用的概念中而来的。这没什么可惊奇的，毕竟科学是一种方法：一种关于理解、探究、解释的方法，一种包含许多次级方法的方法。回到它的核心结构（core structure），科学就是一种技术形式。[6]

最后的这个观点可能会干扰甚至吓到我的读者。所以，我需要澄清一下我在说什么和我没在说什么。我现在说的是，科学形成于（forms

from）技术，即仪器、方法、实验和解释等，它们是科学的肉身。我不是说，科学和技术是一样的。科学是内里孕育着美的事物，一种超凡脱俗的美，而且它的内涵要比由各种仪器、实验、解释构成的那个核心结构多得多。科学是一系列教寓观念，即自然在本质上是可知的，可以被探察、被究因的。如果以高度控制的方式对现象及其背后的含义进行探索，就可以获得对自然的理解；科学是一套实践和思维方式，包括理论化、想象和猜测；科学是一系列认识（knowings），一系列由过去的观察与思考积累起来的理解；科学是一种文化，一种关于信仰与实践、友谊与思想交流、观点与信念、竞争与互助的文化。

技术思想前沿

科学和技术是两个不同的概念。科学建构于技术，而技术是从科学和自身经验两个方面建立起来的。科学和技术以一种共生方式进化着，每一方都参与了另一方的创造，一方接受、吸收、使用着另一方。两者混杂在一起，不可分离，彼此依赖。

这些都无法简化为标准技术。事实上，可以设想一种没有技术的科学，没有望远镜、显微镜、计算机、测量仪器，这样的科学只建立在思想和猜想之上。但这种设想更证实了我的观点，即没有技术的科学将是软弱的，这样的科学和希腊时期的思辨科学相比并没有什么不同。

那么这又提示了我们什么呢？我们可以这样说，技术是对现象的驾驭，而这很大程度上是由科学揭示的。同样，科学也建构于（builds from）技术，或者说，科学是从它的技术中形成的，从那些要使用技术的仪器、方法和实验当中形成的。科学和技术以一种共生关系进化着，每一方都参与了另一方的创造，一方接受、吸收、使用着另一方。这样做之后，两者混杂在一起，不可分离、彼此依赖。科学对于揭示和理解深藏的现象至关重要，而技术对于促进科学也同样重要。

最近，经济史学家乔尔·莫基尔（Joel Mokyr）就提出，技术是随着人类知识的增长而推进的。他是这样阐述的："过去 400 年呕心沥血的知识积累，辅之以社会的、科学机制的推动及知识扩散，共同奠定了工业革命和现代技术的基础。"[7]

我相信这一点。事实上，我和莫基尔都相信，无论怎样讲都不会夸大知识的重要性。你不可能在缺乏气流流过翼面（这里指涡轮机和压气机的叶片）的知识的情况下设计出现代的喷气式发动机。不过，我想表达一下与莫基尔的观察不一样的意见。因为在现象被发现和探索初期，围绕在它周围的通常是对这些现象的理解的半影区[①]。这些对技术发展有很大帮助的对现象的理解（理论和知识）都来自这个半影区。事实上，直到现在，理解的半影区也是不可或缺的。曾经常识可能直接产生新的设备，比如纺织机；而现在只有详细、系统、可编码的理论知识才可能产生基因工程或微波传输等新技术，或是帮助人们寻找太阳系以外的行星。这是由于现代技术所使用的现象无法仅仅通过随机观察和诉诸常识就能被发现和理解。不过，这只是故事的一半。新的设备和方法形成于被发现和理解的现象，技术反过来会帮助建构进一步的知识和理解，以及帮助揭示更进一步的现象。知识和技术就是以这样的方式一起聚集发展的。

我已经在本章讨论了现象以及技术如何从现象中产生，但这对于技术会随时间发展意味着什么呢？

---

① 天文学中指太阳黑子周围的较淡的部分。——译者注

技术思想前沿 | 新现象与新技术构成一个良性循环。新现象提供了发现新现象的新技术，或者说新技术发现了导致新技术的新现象。

　　大自然中存在着许多现象簇，几万年来，我们已经有目的地挖掘了这些现象：史前对火的利用和金属加工、17 世纪的化学和光学、18 和 19 世纪的电、20 世纪的量子现象，以及 20 世纪末的遗传效应。其中许多效应已被驯服，并被运用到技术当中了。同时，它们又成为建构未来技术的潜在模块。而有些技术（例如科学仪器和方法）则主要用于帮助发现新现象。这是一个良性的因果循环。我们可以说，新现象提供了发现新现象的新技术，或者说新技术发现了导致新技术的新现象。无论哪种方式，技术和已知现象的聚集是前后相继地发展的。

　　这一切都不应被理解为技术始终是直接产生于现象的。大多数创造技术的现象模块与驾驭一个现象之间的距离可不只是几步之遥。火星探测器是由驱动马达、数字式电路、通信系统、转向伺服系统、摄像头和轮子组合起来的，但是对以上每样东西背后的现象的直接认识并不能直接促成火星探测器这个技术的完成。大多数技术是如此。要谨记，所有的技术，包括行星车，归根到底都来自现象。所有的技术最终都是现象的"合奏"。

　　现在这一点应该已经很明确了，没有现象，技术就不会存在，但反之则不然。现象本身与技术无关，它们（至少物理现象）仅仅是存在于世界中，我们无法控制其形成或存在。我们所能做的，只是在某些地方利用它们。如果我们这个物种在另一个拥有不同现象的宇宙诞生的话，我们将开发出不同的技术；如果我们过去发现现象的历史序列有所不同的话，我们也将开发出不同的技术。假设在宇宙的某个地方，我们认为正常的现象不再起作用了，那么，现有技术将失灵。我们对宇宙的了解只能通过追寻现象提供的暗示来逐步增加。这听起来像是一出科幻剧，但是用不着远离地球，这种失灵就可能发生。在太空中，连最简单的事情（例如喝水）都必须重新考虑，而我们可能仅仅缺失了一个效应：引力。

THE NATURE OF TECHNOLOGY

OF

TECHNOLOGY

04
域

为了共享现象族群和共同目标，或者为了分享同一个理论，个体技术就会聚集成群。这种集群就形成了"域"。工程设计是从选择某个域开始的，这个自动和下意识的选择过程叫作"域定"。设计工作就像是用某种语言所进行的写作或表达。

当现象簇（包括化学的、电子的、量子的）被开发并加以利用以后，就自然而然地引起了技术的聚集。比如，与电以及电的效应有关的设备和方法（例如电容器、感应器、晶体管、运算放大器）会自然而然地聚集到电学中来。它们和电子介质结合之后，彼此就可以方便地"对话"。光以及与光传播相关的元素（例如激光、光纤、光学放大器、光学传感器等）聚集成光电子学。它们互相传递光量子和光能单位，以服务于不同的操作。这样的聚集构成了我在第 2 章所谈到的复数技术。现在我还想就这个问题再展开谈一下。我认为每一个"集群"都形成了一种语言，一些具体的技术（设备和方法）在这种语言里作为表达聚集在一起。

为什么个体技术要聚集成群？原因之一是它们共享了效应或现象簇。但这不是唯一的理由，技术聚集在一起还因为它们分享了共同的目标：斜拉桥的钢索需要锚固设施，锚固设施需要重型螺栓，这样一来，钢索、锚、重型螺栓就自然集成在一起了。那些分享共同物理强度和规模特征的要素，大梁、桁梁、柱子、钢梁、水泥板等聚集在一起，它们

在强度、尺度和应用范围上是匹配的，它们因此成了结构工程的构件（building blocks）。就这样，要素积聚成群，进而为形成可用的次级构件服务。基因工程方法，即 DNA 纯化、DNA 扩大、放射性标记术、排序、通过限制性内切酶进行切割、克隆基因片段以及表达基因筛检，组成了一个天然的装满模块的工具箱，特定的程序就从这个工具箱中产生出来。

有时候，要素聚集的原因是它们可以分享同一个理论。例如，用来概括和分析数据并实施统计性测试的统计软件包，拥有一个共同的假设前提，即抽样在总体上应是正态分布的，因而统计软件包工作的基础是共享了所操作数据在这个性质上的假设。描绘一个技术集群的通常是某种形成的共性，即某些可以使共同工作成为可能的、共有的、自然的能力。

我称这种集群、这种技术体为域。一个域可能是用来产生设备和方法的要素的任意集聚，以及产生这些设备和方法所必需的实践、知识、组合规则及思维方式等的集合。[1]

技术思想前沿 某种形式的共性，或者是可以使共同工作成为可能而共同固有的能力，可以定义为一个技术集群，对于这种集群或技术体，我们称之为域。

对我们来说，如果想弄清楚技术是如何形成和进化的，关键是要保持个体技术和域之间的清晰界限。但是有时候，这个界限看起来是模糊的，比如雷达（个体系统）和雷达技术（工程实践）听上去非常相像，但其实不然。

一项技术（个体技术）是要完成一项工作，达成一个目标的，而且这个目标经常非常特殊；而一个域（复数的技术）则不需要完成工作，它仅仅是以一个工具箱的方式存在，你可以从中选取有用的元器件或一系列的应用规范。一项技术界定一个产品或一种工艺；一个域不界定任何产品，但它构成了一群技术——一组互相支撑的装置。当这组互相支撑的装置由生产它们的公司来表现时，它就界定了一个产业。一项技术是被发明的，它是由某个人集结组装的；一个域（例如无线电工程）则不是被发明出来的，而是从它的个体的组件开始一点一点展现而成的。一项技术（例如一台电脑）只向占有它的人展示某种潜力；一个域（例如数字技术）则将潜力赋予了整个经济，并及时地将其转化为财富和政治权力。

技术和域还有另外一个不同之处。技术所占据的是模块、次级模块和零部件这样的层级关系，而域所占据的则是次级域、次次级域。电子学包含电子模拟技术和数字电子技术两个次级域，而次级域又包含着次次级域，比如固态半导体元件，在次次级域中又包含了砷化镓和硅器件这样的次次次级域。

对上述差异的总体表述是：**单个技术之于技术体，就如同程序之于编程语言一样。**

域　定

工程中的设计是从选择一个域开始的，也就是说，是通过选择合适的元件群来构建一个设备。当建筑师设计一幢新的办公大楼时，从视觉和结构上考虑，他们可能选择玻璃 – 钢架的组合而不是花岗岩，他们会在含有不同特性材质的"调色板"中进行选择，我们将这种"调色板"

也称为域，而将这个选择过程称为"域定"（domaining）。域定过程常常是自动的、下意识的。一位航海雷达的设计者会在电子元器件中毫不犹豫地"域定"主控振荡器，仅仅是因为没有更适合的域了。

但有时选择也很费思量，比如，一位设计者如果要集成计算机操作系统，那么他就需要在 Linux 系统和 Windows 系统之间进行选择。当然，任何规模较大的技术通常都需要几个域的同时加入，比如，一座发电站是从建筑施工、水利、重型电机和电子等不同的域中选取集成而来的。

在艺术领域，域的选定在很大程度上关乎风格。作曲家会让一个主题穿梭于管弦乐中不同的域——或管乐部分或弦乐部分，以此来获得感受和对比。在技术领域上，域的选定不取决于情绪或感受，而取决于它所能完成的集成的便利程度和效率，以及它和其他集成形成链接的容易程度以及成本。技术中的域定通常是很实际的。

> **技术思想前沿** 工程设计是从选择一个域开始的，也就是要选择一组适合建构一个装置的元器件，这个选择过程，我们称之为"域定"。

针对给定目的的"域"的选择是随着时间的推移而变化的。在数字化技术出现之前，飞机设计师们是在机械和液压技术的范围内选择控制机翼和稳定器表面系统的。他们用推杆、拉杆、电缆、滑轮和其他机械链接将飞行员的操纵杆和那个用来移动飞行操纵面的液压机械舵联结起来。20 世纪 70 年代，他们开始以数字化的方式在一种新式的、被称作电传操纵（fly-by-wire）的新技术体当中重新域定飞机的控制系统。新系统捕捉到飞行员的行动和飞机当前的运动状态，然后以信号的形式通过电线发送到计算机中进行处理，最后计算机再次通过电线将必要的调整信号传输到用来控制飞机操纵面的快速液压传动装置上。

电传操纵的飞机控制系统[2]要比之前使用的机械轻得多，且可靠性更高，反应也更快，新的控制系统能够在毫秒之间对变化做出反应，而且它们是"智能的"。通过计算机控制的电传操纵比人更精确，甚至可以纠正飞行员的不佳决定。

事实上，新的域使得新一代"内在不稳定"（inherently unstable，用技术术语讲就是"放宽静稳定"）的军用飞机设计成为可能。这种设计赋予军用飞机一种优势。就像控制一辆不稳定的双轮自行车要比控制一辆三轮车更容易一样，控制一架内部不稳定的飞机要比控制内部稳定的飞机更容易。新的控制系统使飞机平稳的方法和骑车的人通过反向运动来抵消不稳定性以保持自行车平稳的方法是一样的。人类飞行员无法如此迅速地做出反应，因而在早期的手动技术中，内在不稳定飞机是无法飞行的。

THE NATURE OF TECHNOLOGY
技术思想前沿

重新域定（redomained），是指以一套不同的内容来表达既定的目的。重新域定不仅提供了一套新的、更有效的实现目的的方法，还提供了新的可能性。这意味着技术的颠覆性改变。

因此，我们可以说飞机控制系统经历了一场"创新"，并且他们真的做到了。但是我们应该更准确地说，飞机控制系统是以不同的方式被域定了，或者说是被**重新域定**了。这种区分很重要。历史上的创新常常是在已有的技术上进行的改进，例如一种更好的建造圆屋顶的方法，或

者一种更有效率的蒸汽机。但是显著的改进实际上是"重新域定",即以一套不同的内容来表达既定的目的,就像动力供给的方式从水车技术发展为蒸汽技术那样。

重新域定之所以强大,不仅仅在于它们提供了一套新的、更有效的实现目的的方法,更在于它们提供了新的可能性。20 世纪 30 年代,人们可以用由水泥制造的、4 米多或更高的巨大的声反射镜去监察跨越海峡飞往英格兰的飞机。它需要搜集来自 32 千米远的声音,然后交由具有超敏感听力的人进行处理。到第二次世界大战爆发时,雷达被用来实现同样的目的。雷达的有效范围更大。我们可以说,飞行侦查任务采用(或者更确切地说是引发创造)了雷达技术,但是我更愿意说是这项技术利用了一种新的、更强大的域,即无线电工程。这个域横扫了整个世界,其组件后来又被发掘出许多用途。

域内发生的某些变化是技术进步的主要方式。

当一个新的域出现的时候,它可能并不能直接显现明显的重要性。比如,最初无线电仅限于电报通信,即从船和岸之间用无线电方式发送信息。但是,新域的出现不仅在于它能做什么,更在于它能带来的新的潜能。这种潜能会激发当时技术专家的灵感。1821 年,查尔斯·巴贝奇(Charles Babbage)[3] 和他的朋友——天文学家约翰·赫歇耳(John Herschel)正在为天文学会准备一张数学表。两人之前比较了同样一张表,然后分头计算。巴贝奇因为错误频出而绝望地说:"我真希望上帝能够用蒸汽来进行这些计算。"巴贝奇的话在今天听起来很奇怪。后来,他设计了一个计算设备,但不是用蒸汽,而是用手柄和杠杆驱动的。这里应该注意到的是,他诉求的不是新的设备,而是新的域!让我们向那个时代的奇迹之域致敬吧！在 19 世纪 20 年代，蒸汽定义的是一个关于可能性的新世界。

实际上，**域不仅定义可能性，而且可以定义一个时期的风格。**回想一下，在维多利亚晚期，科幻小说中对宇宙飞船航行的憧憬，就可以明白我在说什么。我这里想到的是儒勒·凡尔纳（Jules Verne）的《从地球到月球》中的场景 [4]，其中折射了 19 世纪 60 年代的法国映像。如果你看到这本书中描绘的航天器以及它的着陆装置，就能体会到，那些辨别出它们所属时代的因素，不是其外形或设计（这是航天器独有的），而是因为它们所选用的组件是 18 世纪中叶才可能出现的技术。这些技术包括铸铁的太空船、用火炮抛送太空船，整个冒险发生在砖和熟铁的建筑结构当中。这样的技术组件和使用方式不仅反映，而且定义了一个时代的风格。

时代创造着技术，技术同时也创造着时代。技术的历史不仅是单个发明和技术的编年史，比如印刷机、蒸汽机、贝塞麦炼钢工艺、无线电、计算机，它也是时代（整段时期）的编年史，通过确定整个时代各种目标的聚合来定义时代。

当你步入一个被精心设计的博物馆时，你就可以看到，或者应该说可以感受到这一点。博物馆通常会有一个或者几个特殊的房间用来回顾这些历史上的特殊时刻。洛斯阿拉莫斯历史博物馆就用这样的展览，来展现战争年代的人工制品和技术。你可以看到化学用的曲颈瓶、计算尺、曼哈顿计划的身份证、身着宪兵警察制服的假人、汽油配给的卡片、旧卡车和吉普车的场景等，所有这些都与当时完成任务的典型的手段，也就是技术有关。而这些技术比任何其他东西都更能定义它们所描述的时

代。洛斯阿拉莫斯展览本身是小规模的，只有两个或三个房间，但进入它，就相当于进入了那个时代。

域不仅定义时代，它们也定义时代的边界。想象一下，如果用巴贝奇时代的域来描绘一幅地震数据地质图会怎样。它可能需要巴贝奇亲自设计设备，组装一台地震波分析仪，并依据爆炸回声进行地图的渲染。这个机器将是一个奇迹，它也许会带有一个犄角形的听筒，一个辅助的铜齿轮和杠杆，以及转盘和着墨的绘图笔。这个设备工作起来缓慢、复杂，而且它将专门用来进行地震勘测。巴贝奇时代的这些域（机器、铁路、早期工业化学）的触角很短，因此所能提供的可能性很有限。今天，我们拥有的域则可以提供更广泛的可能性。实际上，一个域的有效性一半来自它的范围，即它能开启的可能性，另一半则来自它能否为不同目的进行反复的、相似的组合。这有点像过去的排字工人都会在手边事先准备好一些常用字的组合（法国 18 世纪的印刷工人称它们为"陈词滥调"），以便使用起来更加方便、高效。

设计就如同语言表达

一个新的设备或方法是由一个域中适用的零部件，或者也可以说是适当的词汇聚集而成的。从这个意义上来看，一个域构成了一种语言，当某个域在产生一件新的技术产品时，就是这个域在以某种语言进行表达。这使得技术在整体上如同多种语言的集合，因为每一项新技术都可能从多个域中汲取元素。这也意味着技术中的主要活动，即工程设计，变成了一种写作方式，一种（或几种）语言的表达。

THE NATURE OF TECHNOLOGY
技术思想前沿

一个域就相当于一种语言，当某个域在产生一件新的艺术品时，就相当于这个域在以某种语言进行表达。语言的组织必须依据语言规则，设计的建构也要根据域允许的组合规则进行，这种规则就是语法。

我们并不熟悉这种看待设计的方式，但是它值得我们考虑一下。语言中有清晰和不清晰的表达方式、恰当和不恰当的语言选择之分，设计亦是如此；语言可以简明扼要，设计亦是如此；语言有不同程度的复合句式，设计亦是如此；用语言表达一个理念可以只用一个简单句，也可以用一整本书，并辅之以若干支撑材料来呈现一个主题，设计亦是如此。语言中任何目的的表达都可以有很多选择。类似地，技术为达到任何目的也可以选择多种组合。如同语言的组织必须依据语言规则一样，设计的建构也要根据域允许的组合规则来进行。

我将这种规则称为语法。可以将语法想象成一个域的"化学"规则，即确定什么可以被允许进行组合的一组原则。这里用的"语法"就是我们常用的那个意思。亨利·詹姆斯（Henry James）曾谈及"绘画语法"[5]；生物化学家埃尔文·查戈夫（Erwin Chargaff）1949 年在论及他在 DNA 化学方面的发现时就曾说过："在眼前模糊黑暗的轮廓中，我开始看到了生物学的语法。"[6] 詹姆斯和查戈夫所指的语法，并不是绘画或分子生物学的特性，而是指绘画元素或生物元素之间相互联系、相互影响、相互结合并形成结构的方式。

一个域的语法决定它的元素如何被组装在一起，以及在什么情况下它们会结合在一起。它决定什么东西在"起作用"。从这个意义上讲，

我们就有了电子学、水力学以及基因工程学的语法，对应更精细的域，还会有次级语法和次次级语法。

这样的语法是从何而来的呢？[7] 当然，毫无疑问，它最终一定是源于自然。电子学的语法背后是电子运动的物理学以及电现象的规律。DNA 操作的语法背后是核苷酸和与 DNA 一起工作的酶的内在特性。语法在很大程度上反映了我们对"特定域中自然是如何工作的"这个问题的理解。这种理解不仅来自理论[8]，也来自经验积累：工作温度和压力参数、机器配置和工具的选用、过程计时、材料强度、集成件间的安全距离——无数的知识碎片组成了各种技艺的"烹饪术"。

有时这种知识可以还原为拇指法则①（rules of thumb）。飞机设计界早就从多年的经验中知道："成功的喷气飞机的引擎推力重量与加载的飞机之间的比重永远都大约介于 0.2 ～ 0.3。"但更多时候，知识通常不能转化成这样的法则。在这方面，技术和艺术实际上没什么不同。正如巴黎蓝绶带烹饪（Cordon Bleu）② 不能简化为一套书面原理，专业电子设计也不能。无论是烹饪还是工程的语法，都不仅作为规则存在，还必须作为一套被认为是理所当然的潜经验（unspoken practices）存在，因为实践知识（practical knowing）可能没办法用语言进行充分的表达。语法由文化经验和应用技巧构成。如此一来，语法就不仅存在于使用者的头脑中，不仅出现在课本中，还存在于它们共享的文化中。它们出现时可能被当作规则，但是最终则会成为一种概念化的技术、一种思维的方式。

事实上，正如口语表达的清晰度不仅取决于语法一样（它依赖于词汇的深层含义及其文化相关性），技术的清晰表达也不会仅仅依赖于

---

① 拇指法则，即一种经验性、直觉性的简单原则。——编者注
② 指法国顶级的厨艺水平。——编者注

语法。技术的清晰表达需要相关域的深层知识，包括：所使用组件的词汇的流利程度；对标准模块、以前的设计、标准材料、相关技术的熟悉度；一种关于什么是自然的，什么会被该领域的文化所接受的"洞悉"（knowingness）；直观知识、横向沟通、感觉、曾经使用的经验、想象力、品位——所有这些都是有价值的。

技术专家詹姆斯·纽科姆（James Newcomb）在谈到提供节能服务时说："做好这种业务需要数以千计的个体技术知识，以及为特定目的吸收和优化组合这些技术的能力，同时要考虑到交互影响、控制系统、过程影响、能源经济和节约需求的差别。这要求厨艺大师级那样的技艺，而不是杂货店采购员的水准。"[9]

好的设计事实上就像一首好诗。这不是指诗的崇高感，而是指从众多的可能性中为每个部分做出完全正确的选择。每个部分必须紧密配合，各部分的运行一定要准确，必须符合与其余部分的互动规则。一个好的设计[10]的美感在于合宜性，在于为所获得的东西付出最少的努力。它源于一种感觉：恰如其分，增一分则多，减一分则少。技术中的美不一定非得需要原创性，在技术中，无论是形式，还是短语的选用，都大量借鉴了其他语言。如此看来，具有讽刺意味的是，设计所依赖的往往是对"陈词滥调"的组合和操纵。尽管如此，一个美的设计总是包含一些意想不到的组合，并以其适切性震撼人心。

技术就像写作、演讲或高级烹饪，存在不同程度的流畅性、表达能力和自我表现。一个建筑界的新手，就像一个学习外语的新手一样，即使有时不太适合，也会一遍又一遍地一直使用同样的组合，或者说同样的短语。一个熟练的建筑师深谙域的艺术，他会摒弃纯粹的语法规则，

而诉诸直觉知识，使它们组合、搭配在一起。一位真正的大师会挑战极限，他会在域中赋诗，会在其所使用的惯用组合中留下自己的"签名"。

技术大师实际上非常难得，因为技术的语法不像语言的语法，它变化迅速。技术语法最初是原始的，只能被模糊地感知；当组成它们的基础知识发展时，它们得以深化；当发现了新的匹配良好的组合，或者发现了设计在日常使用中遇到的困难时，它们就进化了。这个过程永无终结。结果就是，即便是此中的专家，也不能完全跟上它们在"域"中组合的原则。

在一个域中投入巨大的成本会让设计师较少考虑从所有可用的域中选择组合。保罗·克利（Paul Klee）认为，艺术家会自觉去适应自己调色盘上所能配出的东西，"画家……不会让画去迎合世界。他自己会去迎合画作"。[11] 技术也是这样，设计师总是从他们了解的域中着手建构技术。

参与的世界

如前文所述，一个域或者一个技术体提供一种表达的语言、一套内容和实践的词汇表，设计师可以从中做出选择。计算技术（或数字技术）是一个集合，是一个巨大的词汇表，包括硬件、软件、传输网络、协议、语言、超大规模集成电路、算法，以及所有和它们相关的组件和实践。所以，我们可以把计算技术，或者任何与之相关的域看作一个仓库，它们随时准备服务于某种特殊用途。

我们可以将这个仓库假设为装有元素或功能的工具箱。但是我更愿意设想它是一个王国，那是一个可以在其中建功立业的世界，一个为了能在其中完成某个任务而呈现的世界。

　　一个域便是一个想象的王国。在那里，设计者可以在思维中想象自己能做什么。那是一个充满可能性的域世界。电子设计师知道他们可以扩大信号、转换频率、减少噪声、调节载波信息、设置定时回路，还可以利用许许多多其他可靠的操作。他们依据电子世界实现内容的可能性去思考。此外，如果他们是专家，他们应该非常熟悉这个世界，因此他们几乎可以自动地组合操作并预见结果。那个发明了微波激射器（激光器前身）的物理学家查尔斯·汤斯（Charles Townes），曾经在波和原子共振相关的操作和设备上花费了许多年时间来研究以下内容，包括：场下离子分离、共鸣室、敏感高频接收器和检测器、微波光谱。然后他将这些功能应用到他的发明中去。专家们沉浸在域的世界里，就如我们写信的时候沉浸在文字中一样，他们的精神沉浸其中。他们着眼于目的性，然后在头脑中进行每一步操作，这很像一个作曲家构思出一个主题，但是要回过头来诉诸乐器去表达它。

　　在另一个意义上，一个域也是一个世界。在那里，有设计者和用户都可以接触并完成的真实的任务；在那里，常规的操作是可能的，使用过程也总是相同的。一些目标（行动或者业务流程）也以实体形态进入世界当中。想象一下，图像处理专家通过扫描使图像进入数码世界，或者用数码技术摄制图像。一旦有对象被从一个操作传递到另一个，就会继续下去，完成转换，有时还会与这个领域内其他的活动和对象结合起来。在数码世界里，影像变成了数值、数据，因此它可以接受数字化操作，包括颜色校正、锐化、去饱和度、变形成广角效果、增加背景等。当操作结束后，对象再次以这种加工过的形式，被应用到现实世界中。作为被操作过的数据，加工过的影像被翻译成真实世界的视觉图像，又一次展现在计算机屏幕上，被储存起来或被打印出来。

　　无论是域还是它的世界，这种操作过程构成了域的真正的有用性。我们可以认为某些东西"下到"了一个具体环境，在那里成为对象，被进行各种操作，然后再令它回到"上面或外面"并被使用。现场交响乐可以通过麦克风设备被带到"下面"的电子世界进行加工（电子化操作，例如电子记录），然后再被带回到"上面或外面"，重新进入物理世界，以声音的形式被"演奏"出来。

　　对于域世界来说，每个域里的所能完成的事情是不同的。某些域世界提供了特别丰富的可能性。数码世界可以对任何简化成数字符号的东西进行操作，不管是建筑设计还是摄影图片，或是飞机的操控系统。它提供了一个巨大的运算操作或运算次序，以及逻辑步骤的系统。而这些操作的速度可以非常迅速，数字电路中的变换是会以超快的变换速率进行的。

　　另一些域世界则很有限，在能力方面会有所限制，但是它们可以更有效。在 18 世纪后期，运河提供了一个域世界，在那里用载货驳船更便宜，也更容易运输大宗商品，如煤炭、粮食、木材、石灰石，甚至牲畜等。这样，大宗货物的运输就通过进入运河世界完成了。准确地说，这意味着货物已经离开了道路和陆地域，而进入了驳船、船夫、船闸和纤道构成的水的世界。当然，在那里，东西的移动是缓慢的。尽管如此，由于它的移动是流动性的，因此与陆地比较，这种移动更容易。在这个域中的货物可以流向不同方向，向后或横着停泊在水中突起的陆地上。一些货物被卸下来，腾出空间，再装上另外一些货物，到达目的地后，运输还可以继续进入公路或马车运输的域，而那里曾是运输业开始的地方。

　　已经成为历史的"运河域世界"实际上功能很单一，它其实只提供一种功能：运送物料。甚至这个功能也只能在开挖运河的地方才能实现。

但是它在成本－收益方面是成功的。在河道运输之前，陆地运输只能依赖笨拙的牛车蹒跚在颠簸的土路上，而19世纪早期河道运输方式在英格兰推广以后，煤的运输成本就下降了85%。

　　一个域的世界里最容易完成的事情体现出了这个域的力量。只要你能将某事还原为数字式描述，从而进行数学操作，计算就可以行之有效地进行下面的工作。只要你能将货物装载到驳船上，并用它来运送货物，运河世界就能开始运作。电子学（非数字类）的有效性取决于运动的显现要依赖于电子的运动。域们各善其事。当然，从原理上讲，你可以在不同的域世界中完成同样的任务，但是功效可能会不一样。应用数字域可以很容易列出顾客名单，但是如果你非要用电子域去完成它，你可能需要用不同的电压代表不同的字母，然后按照感应电压和输出的振幅顺序来安排电路，这当然可行，但很笨拙。你甚至可以用运河域世界来分列顾客名单：比如每艘驳船可以作为一位顾客的标记，然后驳船被向前拖动就如同字母缓慢显现。这也是可行的，但是它肯定不是运河世界最有效的应用方向。

　　如我所说，不同的域世界提供各自擅长的、互不相同的潜能。每个世界提供各自最容易完成的一套操作。所以这是很自然的，一个对象或业务活动，要进入一个以上的世界，各尽其能地完成整体工作。光学数据传输提供了一个光子的世界，通过光纤网络发送信息。这里的主力是光子（或光量子）包。这些信息很容易被携带，并且以接近真空中的光速迅速移动。但是这里有个问题：光子不像电子那样可以携带电荷，因而它们是中性的，不易操作，而且由于部分光缆中的光总是被吸收，因此信息每隔数英里 ① 就会衰减。所以这些信息必须不断"重复"或放大，

① 1 英里 =1 609.344 米。——编者注

才能得以继续传输，这意味着光子流必须被适当地还原和调整。

在早期，光子世界并没有成为传递信息的直接手段。信息经常退出光子世界，转而进入电子世界，因为信息在那里更容易被重新调整、放大和切换。但是电子世界太慢了，它必须依赖电子的移动，而那需要对电磁场做出反应，因而不能瞬时完成。这就像每隔几英里，信息就要被带下高速公路，到一个便道进行电子操作，然后再把它重新放回高速公路一样。系统本身是可行的，但是持续的离开和再进入光子世界提高了成本且降低了速度。直到适用的光子放大器（即掺铒光纤放大器，EDFA）在 20 世纪 80 年代后期诞生后，这个问题才得到解决。

常规经验是，当任何一项活动离开一个域世界并进入另一个域世界的时候，其成本就会累积增加。在海上运输货运集装箱并不昂贵，但将货物从铁路运输域转移到船上使货运进入"集装箱世界"，这就需要铁路端点、码头、集装箱装卸起重机和装卸业务等烦琐而昂贵的技术。这种"过渡技术"通常是一个域中最棘手的部分。过渡技术会产生延迟和瓶颈，并提高成本，但它们又是不可或缺的，因为它们不仅使域有效，而且控制什么可以进入或离开它的世界。我们可以这样看待域：它包含着一些核心操作，比如蒸汽驱动的、便宜的海运集装箱运输，还包括处于域的边缘，围绕这些中心操作的缓慢的、笨拙的技术。与其相对应的域世界允许其在活动开始时进入，在活动结束后再离开，比如说甲板和龙门吊。总体上讲，它们是昂贵的。

我此前曾说过，域反映着它们创造的那个世界的力量，但是它们也同时反映着它们的局限。将设计域定在数字技术中的建筑师可以让设计思路的变化瞬间呈现出来，并且可以同时将材料成本计算出来。但是数字域会有它自身微妙的偏见，只有真实世界可量化的部分能够进入数字世界，并在那里获得成功。因此，数字建筑设计可以轻而易举地产生拱形，或者以流畅的数学曲线呈现倾斜，但是正如建筑设计评论家保罗·葛贝格（Paul Goldberger）所说，数字化设计对"魅力、闲适、留白都缺乏耐心"。[12] 数字世界可以计量表面形状，却无法计量时尚。或者我应该说，时尚目前还不能被量化。如果它能够被量化了，即如果你可以通过显示器上的移动滑块控制你想要的魅力程度，那么现有的域就需要扩展了——不过到目前为止，这还是不可能的。一个世界的"不能"，便是这个世界的局限所在了。

我将在第 8 章重新谈论域或者说复数的技术，去探究它们是怎样产生以及怎样随着时间发展的。现在我们只需认识到，当我们将技术理论化，我们必须看到技术的中间层（技术体）是在不同于单个技术的规则之下运行的。这些技术体或者域，决定着某个特定的时代的可能性，它们引发一个时代的标志性工业，它们是工程师可以有所成就的世界。

在这个世界中，没有什么是静止的，待完成的东西随着域的演进及其基本现象边界的扩展而不断变化着。这暗示着创新不是发明以及对其的应用（例如计算机、运河、DNA 或者芯片的发明和应用），而是在新的可能世界中，将旧任务（例如会计、运输或者医疗诊断）不断地进行重新表达或者再域定的过程。

THE NATURE OF TECHNOLOGY

OF

TECHNOLOGY

05
工程和对应的解决方案

几乎所有的设计都是某个已知技术的新版本，只有在必要的情况下，才需要一项全新的设计。工程师在寻找解决方案的过程中，把适宜的构件选择出来，让它们组合在一起工作。设计就是选择，组合只不过是工程的副产品。工程的解决方案，又成为发展新技术的新构件。

到目前为止，我们探究了技术的本质，它的工作原理以及它最深层的含义等问题。在此基础上，我们形成了一套关于技术的逻辑和框架，用于说明技术在世界中是如何被建构和操作的。在本书的后几个章节，我将继续应用这个逻辑去探索技术是如何形成并进化的。

我们现在已经不再将技术看作作为整体的一块铁板了，而将其看成是具有内部解剖结构的事物。事实上，一旦我们接受技术是建构的产物，即由零部件或组件组合而成，我们就不得不这样看待它们了。这样一个内部视角能否使我们从与以往不同的角度去看待技术这个问题呢？

我认为会，这种不同至少会体现在两个方面。第一是关于技术在其生命周期当中如何进行自我修正。如果我们从技术外部将技术看作一个整体的对象，那么个体技术，如计算机、基因测序、蒸汽机似乎是相对固定的。它们的生命周期可能表现为从一个版本到下一个版本的变化。如计算机从阿塔纳索夫 - 贝瑞计算机到埃克特和莫齐利的电子数字积分计算机（Eckert and Mauchly's ENIAC），再到电子数据计算机

（EDVAC），这些技术可能会以这种方式非连续性地进行改变。但是当我们从内部来看技术的时候，我们会看到某一技术的内部组件一直都在变化，比如替换零部件、改进材料、改变建构方法、对技术所基于的现象有了更好的理解，或者随着母域（parent domain）的发展，有了新的元素可以利用等。所以，技术并非总体上很静态、只是偶尔发生变化的事物。正好相反，**技术是一种非常易变的东西，它是动态的、活的，会随时间发展而不断进行构成和发生变化。**

第二个不同之处是我们如何看待技术的可能性（我现在是在"集合"的意义上谈技术）。从外部看技术，每项技术看起来都是在完成某个目标：如果想测量，我们有测量的方法；如果想导航，我们有全球定位系统。我们可以应用测量方法完成某个具体任务，应用 GPS 完成另外一个具体的任务。但是这么看技术，在"理解技术是什么"时是有局限的。因为技术不仅是为了提供某种特定功能而存在，它实际上还提供了一个组合或编程的词汇表，这个词汇表的存在使技术可以提供无穷无尽的新颖方法，去实现无穷无尽的新颖目的。

如果这样看技术的话，结果就会有很大的不同。比如可以设想一下未来某天，计算机技术已经消失了，考古学家们挖掘出了一个 20 世纪 80 年代的破旧的苹果电脑，于是他们急忙回到实验室，插上电源，这个珍贵的盒子就闪烁着开启了，那么他们应该立刻就能发现几种能够执行的功能：用于文字处理的 MacWrite 程序，用于影像制作的 MacPaint 程序，或者一个旧版的电子制表软件。这里的每个功能都是可用的，可以很好地执行特定的任务，因而调查者可以在很长时间内使用这个机器去执行每个任务。

但是实际上，这个苹果机还可以提供更多用途。在苹果机的内部，蕴藏着它的工具箱，这是一套内部的命令和函数，它们可以使一般的目的被程序化执行。这些命令可以以某种方式被组合起来，从而创建以前没有的新命令和函数（功能）。这些新命令自身可以被命名，并且被用作未来组合的新组件。只要从故纸堆里对苹果机的相关知识进行充分研究，研究者们就可能学会如何进入其内部命令系统。他们会搞清楚如何提取命令，并把它们重新组合，去完成新的任务，或者将它们作为新的程序命令的组件。在这个时刻，会出现一个质的飞跃，研究者们会发现他们可以操控苹果机了，他们可以用一小部分基础命令进行编辑，这些基础命令再以新的方式进行新的无限的组合，从而简单命令可以被建构为许多复杂命令。

这时的机器就不再只是那个提供几种独立功能的机器了，它现在可以提供的是一种语言表达。到此，一个可能的新世界已经被开启了。

技术通过改变内部组件的结构进行适应，以及通过新组合产生新结构，这两个主题将是本书接下来不断重复的主题。但是别忘了，我们的主题是：技术进化是如何通过组合现存技术来产生新技术，以及如何通过现存技术去驯服可能形成新技术的现象的。我想要探究的是：这个过程到底是怎样发生的，对此我会在第 9 章更加详细地加以论述。

现在让我们沿着这个思路继续下去，我们需要留意技术作品中的两个反复出现的问题。一个是达尔文机制应用于技术进化中的程度，即在什么程度上，技术的新"物种"会从某种旧技术中通过变异而产生出来并且被选择？另一个是，在什么程度上，托马斯·库恩的观点会被应用到技术中？库恩认为，业已公认的科学范式会随时间的推移变得更加完

善，直到遭遇所谓的"异常"，进而发生更新换代的情形。那么这个观点也适用于技术吗？

我们还需留意的议题是：创新。"创新"是技术中另一个棘手的词。通常在实践或尝试新点子时，如果出现了一些进步或提高，不管它多么微小，创新都有可能会被唤醒。熊彼特使用这个词（对我来说，有些费解）来说明发明被商业化的过程，而我则会在它的一般含义上，也就是"新颖性"这个意义上使用这个词。这种新颖性会表现为几种形式：给定技术中的新的解决方式、新技术自身、新的技术体，或者在技术集合中加入新元素等。在后面的章节中，因为"创新"这个概念太分散、太模糊、不利于更有效地说明问题，所以我选择去探究新颖性或创新的每个具体类型。

一个好问题可能是成功的开始，为此我们需要一个关键的、足以引领我们对本章和第 6 章探讨的问题做进一步的探究。进化的发生源于新技术的不断形成，它们通过将已有技术作为组件来形成（forming）新面貌的方式，表明它们是脱胎于此的。那么，这种"形成"到底是怎样发生的？新技术的产生机制是什么？一个显而易见的答案是，它是通过某种根本性创新（radical innovation）过程（如果你愿意，你也可以称之为发明过程）来实现的，简单来讲，确实可以这样认为。但是别忘了，新组件的元素也来自日常性的标准工程。根本性创新与日常标准工程放在一起，初看起来会令人感到有些讶异，因此我想挖掘一下这个过程究竟是如何发生的。

首先让我澄清一下什么是我所说的"日常标准工程"。

标准工程

工程师们的日常工作到底是什么？总的来说，他们设计并且建造人工物。他们也开发方法、建立测试设备并进行研究，以找出材料被运用以及解决方案在实践中得以履行的方法。他们在专业的研究所或实验室中深化对操作对象的理解；他们调查失败的原因、寻找修复的对策；他们管理法律事务并提供建议，对顾问委员会提供咨询与服务；他们对相关问题，也即那些好似需要反复讨论、思考及担忧的问题进行审慎的斟酌。

技术思想前沿

标准工程是执行一个新项目时，在已知可接受的原则下聚集方法和设备的过程，是对已有技术的新的计划、试制和集成过程。

工程师们为所有这些活动奔忙。但是我想集中讨论的是标准工程[1]，即执行一个新项目时，在已知可接受的原则下聚集方法和设备的过程。有时这个过程被称作"设计和建造（construction）"，有时则被称为"设计和制造（manufacture）"。但无论怎样称呼，它们都是对已有技术的新的计划、试制和集成过程。它不是指斜拉桥或者飞行器的"发明"，而是指设计和建造一个新版的斜拉桥，比如日本的多多罗大桥或者新版的空中客车。方便起见，我将这种活动简称为"设计"。

几乎所有的设计项目都是在规划和建造某个已知技术的新版本。这就像几乎所有的科学活动实际上都是将已知的概念和方法应用于新问题一样。当然，这并不意味着标准工程是简单的。我们可以按照困难程度列出一个谱系：从应用惯例和标准组件的传统项目，到那些需要实践或实验的项目，再到那些拥有真正难以突破的界限并需要应对一些特殊挑

战的项目。在后面的例子中，我会着重讨论这个谱系中更具挑战性的一端。

标准工程或者说设计项目，到底应该包括什么？其基本任务是需要找到一个形式（form），或者说一套已建构好的程序集（architected assemblies）来实现目的。这意味着要用一些可用的概念框架和目的进行匹配，然后再进行现实的集成。这是一个过程，而且经常是一个冗长的过程。教科书里通常会讲到 3 个阶段：先从一个总体概念出发，然后细化出可以完成这个概念的集成件，最后实行制造或建造（这个过程中会伴随一些必要的反馈）。这里我们可以再次借用递归性来描述标准工程这种沿层级演进的过程，即从总体概念层次到单个集成件，再到次级集成件，然后到它们各自的零部件，接下来每一个部分的构成也是上述过程的重复性进行。

事情大致来讲就是这样，但仅仅是大致来讲。设计过程在沿着层级向下演进的同时，也会从需求特点或者需求物（desiderata）向外演进。目的本身决定总体概念的样式，总体概念又决定着需要什么样的核心集成件，核心集成件决定需要何种次级集成件来支撑它们，次级集成件又决定它们所需的组件。20 世纪 60 年代末，波音 747 的总工程师约瑟夫·萨特（Joseph Sutter）的一段描述正可以说明这个过程[2]：我们想要设计一种搭载 350 名乘客的飞机。我们设想建造一个宽阔的单甲板。由于在载客区会有 9 ～ 10 人并肩而坐，因此机身的长度也就被大致确定了。我们试图优化机翼使其达到我们需要的吊装能力、飞行里程以及燃油效率。而机翼跨度首先要满足空气动力学的要求，还要达到初始巡航高度的要求，以及保持合理的降落速度，以便飞行员有足够的时间着陆。

注意一下这里的顺序，需求作为飞机的主要目的开始显现——要搭载 350 名乘客，然后向外扩展构成集成件，每个集成件的需求决定了下一步要做什么，每个层次的集成件又需要互相匹配和相互支撑。

可以设想，这个过程有时可以进行得如同预先计划好的一样完美。有些项目确实如此。但是在难度谱系中具有挑战性的那一端，就不一定那样利落清晰了。通常整体概念不一定是一个，有可能存在好几个整体概念，而且有一些概念还是直到实验阶段或者甚至细节设计阶段才发现是不可行的。即使一个概念被选中了，它也必须被转化成集成件或者工作组件，而其中许多组件都需要特别设计。设计者不可能总是事先就预测出它们的实际性能。先前的版本也可能表现出某些未预料到的小毛病：可能不如期望的那样好，可能根本不运作，或者可能耗用了更多的质量、能量和成本。为了获取更好的解决方案或者原材料，必须对其进行修改。在一个集成过程中，不可预知的低效率必须通过调整其他部分得以提高。可以说，一项设计就是一系列折中的过程。

要使过程进行下去，除了需要大量的支持者，还要对理念、集成件和单元组件进行测试和平衡，并克服不断被揭示出来的困难。[3] 只要有一个核心集成件不好用，就有可能需要重新开始整个计划。如果项目特别复杂（例如登月计划），则可能需要分步骤进行不同版本的实验，每种技术都分别建构在之前技术的基础之上。

一个项目一旦进入一个未知领域，许多小问题的出现就变得不可避免了。比如，1965 年的波音 747 还处于构思阶段，那时，它的巨大的重量要求一个比以往任何时候都要强大的动力系统来支撑。这不仅要求更大的涡轮风扇，而且要求更高的涵道比（从风扇吹出的风与从发动机流

出的燃气之比要从以往的 1∶1 达到几乎 6∶1）。为此，普拉特·惠特尼集团打算重新设计 JT9D 引擎。一个巨大的涡轮风扇被安装在压缩机前面，其直径为 244 厘米，能提供 77% 的推力。新的动力装置使性能实现了一个飞跃式的进步，但是它的创新性特征又引发了另外一系列困难。它的变容量定子（用来帮助控制通过压缩机叶片的气流）本来是由可移动的链接控制的，但是这些改进会产生周期性的卡停（解决的办法是自由使用 WD-40），而要使这个装置产生更高的压缩温度，则又需要一个更好的涡轮机冷却手段。

最糟糕的问题是将发动机安装在机翼上该选择何种方式。当发动机高速运转时，它会被向前推动并产生"弯曲"，引起外壳产生轻微的椭圆化变形。"根本原因在于引擎太大、太重，导致它起飞时会弯曲。"JT9D 项目副经理罗伯特·罗萨蒂（Robert Rosati）解释道。发动机高速运转造成的挠度并不大，大约是 1 毫米，但这却足以引起高压压缩机叶片的底部与外壳之间的摩擦。这类问题并不危险，一定量的摩擦也是可以接受的。不可接受的是由此带来的效率和可靠性上的损失。普拉特和惠特尼尝试了几种修正的方法，如加固外壳、使用抗磨损椭圆形封条，但都没有成功。最终的解决方案是安装一个反向的 Y 型锚固件，这在本质上是一种转移推力、减少弯曲的手段。挠度因此减小到 80%，足以应付上述问题，但是这个小挫折使整个波音 747 的研发进程受到了拖延与阻碍。对于这样顶尖级的项目，类似的挫折并不常见。

在开发波音 747 的年代，实现新的设计需要手动完成庞大的计算量，手绘大量的明细图以及手工制作许多实体模型。现在，计算机接替了这些工作。计算机可以在瞬间将设计理念转换成明细图和部件要求，可以创造虚拟模型，有时甚至可以指导零部件的制造。但是即使有计算机辅助，这个过程也必须有人的参与。这是因为过程进行中需要决策，而决策是不能依赖机器的。设计者必须对概念、结构、材料、强度、比例和容量的适合程度做出评价和判断。而像这样在一个项目的许多层级都要做恰当匹配就一定需要人的协调。

但是对于规模较大的项目来说，协调通常是很困难的。大规模项目的组件可能是由不同团队甚至不同公司设计的，这样一来，他们之间就需要进行平衡。一个团队的解决方案对于另一个团队来说可能反而是障碍，因此需要充分讨论来加以协调。从这个角度看，标准工程成了一种社会组织形式，一切都变得不那么清晰理性了。历史学家托马斯·休斯（Thomas Hughes）强调，一项新项目成功与否，它是否能形成可见的设计物，很大程度上依赖于围绕其周围的利益关系网：工程团队、融资系统、投资者以及其他参与者，他们从项目中获得或失去的包括权力、安全、威望等东西。因此，**设计与发展是与人高度相关的组织和行动过程。**

解决问题的工程

此前我说过，工程师花费了大量的时间，有时候几乎是他们全部的时间去解决问题。为什么非得如此呢？教师教学、法官断案，那么工程师为什么不专司工程？为什么他们要花费那么多的时间去解决问题？

在我们看来，运气不好可能是一种解释，例如波音747遭遇到的那个不可预见的挫折。无法满足不同利益集团的利益也是一个原因。技术挫折或人的原因当然很重要，但是它们并不是最主要的，工程之所以和解决问题紧密相连，有着更系统的原因。

正如我所定义的，标准工程与已知技术有关。这使得每个设计实际上都是已知技术的新版本或新案例（JT9D 就是喷气式发动机的一个新版本）。但是一个新案例或一项新设计只有在技术的某个方面需要变得不同的时候才会被需要（如果不进行新设计的话，设计中已完成的部分将被迫放弃，建构过程也将停止）。新的设计可能是需要达到一个新的功效水平（例如 JT9D）；或者是需要一个不同的物理环境；或者有了更好的零件和材料的选择；还有可能是市场发生了变化，因而需要某个技术的新版本。总之，无论哪种情形，一个新设计只有在必需的情况下才会被实施。

这意味着一个新项目总会抛出一些新问题。完整的回应（即完成的项目）通常就是一种解决方案，也就是需要在具体的理念指导下对集成件进行恰当的组合，以完成这个给定的任务。我们可以说，一个完整的设计就是对特定工程问题的特定解决。

想要全面解决问题，就一定会遇上许多新情况，因为每个层级上的集成件的选择都需要重新考虑，并重新做出相互和谐的设计。某些集成件或模块当然可以单独进行修改，但是总的来说，当一个现存技术正在建构成一个新的版本的时候，每个层级，每个层级的每个模块都需要重新加以考虑。如果它不能和其他部分或预期的希望相匹配的话，必然要被重新设计。而这里的每一项设计又都会抛出它们自己的问题。所以我们可以更准确地说，一个完整的设计是针对一系列问题的一系列解决。

这么说并不意味着每个解决结果都能令人满意。不良的解决结果可能引起持续不断的问题。波音 737 就曾因方向舵失灵（专业术语叫"异常"）问题而备受困扰，这个问题曾引起过一次坠毁。工程师们用了很长时间去理解和解决这个问题。设计问题在技术的一个生命周期中常常不能够被彻底地解决，从莱特兄弟的飞行器到现代 F-35 喷气式战斗机，为飞机提供合适的控制系统一直都是一个难题。由计算机控制的自动驾驶现在成为一种解决方法，但是这种解决方法本身还处于完善当中，需要和应用它的新机型共同进步。

组合与解决方案

所有这些都解释了为什么在难度谱系更具挑战性的那端，工程的主要任务是解决问题，以及为什么工程师会不断地遇到问题。

但是这里又有了一个新问题。如果工程是关于问题的，那么是什么构成了一个或一套针对问题的解决方案呢？我曾经说过，一个解决方案就是能完成一项给定任务的恰适组合。工程中的任何创造都是一次为达成特定目标的建构，这是一个将众多元素组合起来的过程。所以我们可以这样重新发问：一个解决方案是如何被建构的？这种建构又是如何与组合关联起来的？

实际上，对我们来说，这才是议题的核心。这本书通篇思考的是作为组合的技术——假使设计也能成为一个组合的过程，组合是如何在设计中发挥作用的呢？当然，工程师会选择适宜的组件并把它们放置在一起，他们组合它们，让它们共同工作。但是这并不意味着他们一开始就明确地知道如何组装所有的东西，知道他们将组合出什么。工程师只是简单地将自己投身于完成某个目标、满足某些技术条件或人，以及解决那些连带问题的过程之中。其中，精神劳动的部分包括了选择，即选定哪些部分共同组合成一个组件。组合不是工程创造过程的目的，而是选

择的结果，是为了产生技术的一个新实例而完成要素聚集的结果。这样看来，组合实际上是工程的一项副产品。

这类似于思想表达的过程。现代心理学和哲学都告诉我们，思维在一开始都不会产生于语言之中。我们从无意识层面拔升出我们的理念——思想，然后用词语的组合去表达它们。思维存在了，它的语言表达随后才会到来。

如果会说几种语言，你就能明白，或者应该说能感受到这点。假设你的公司正在莫斯科做生意，和你一起谈判的人都只会说俄语，或者只会说英语。你想要说点什么，于是你用俄语说了。片刻后，你又用英语表达了同样的想法。这个"想法"某种程度上是独立于你如何将它说出来的。你有了一种想说什么的意向，然后经由某种无意识的过程找到话语进行表达，其结果是你最终呈现出什么样的说话方式：它可能简短而自然，比如在一场对话中；也可能显得冗长，类似你在准备一个演讲时需要将内容一点一点拼接起来。无论哪种，它都是一个与某个目的相联系的想法或概念的组合，然后需要用句子、短语，或只用基本的单词进行表达。你在创造这种组合时并非刻意为之，但实际上你确实在"组合"。

这个过程和技术是一样的。设计师先对某事产生意向，为了表达这个意向而去挑选一个工具箱或语言，为了将这个存在于"心灵的眼睛"（mind's eye）中的意向呈现出来而去预想出概念和功能[4]，然后找出合适的组件去组合，从而最终达成那个想法。预想常常会同时产生，也可能会在修正之后出现。我们会在第 6 章更详细地探讨这样的创造过程是如何进行的，但是现在，我们要关注的是它和语言的关系，先有意向，然后是完成的方法——组件的恰当组合。所以，**设计即表达**。

这暗示着工程及其寓所是一个创造性的领域。工程通常被认为比那些更重视设计的领域，如建筑或音乐，更缺少创造性。当然，可以说工程是日常性的，但是我们也可以说建筑同样是日常性的。因为从原则上看，工程中的设计，与建筑、时尚或者音乐中的设计，以及所有我们能想到的创造性的方式其实并没有什么不同，它们都是某种组合、某种表达。

与其他创造性领域相比，工程创造性被低估的一个原因是，与建筑和音乐不同，公众没有被训练如何去欣赏一个具体的、制作精良的技术。计算机科学家霍尔（C.A.R. Hoare）在 1960 年创造了快速排序法[5]，这是一种真正优美的创造，但是他不能到卡耐基大厅去表演快速排序从而赢得欢呼和掌声。还有另外一个原因，技术工作大部分隐藏起来了，它们倾向于深藏不露，罩在某个罩子下面，藏在某个程序里，或者躲在某个工业流程中。谁能看见一位手机设计师是如何解决一个具体问题的？总之，这些工作对外行来说完全是不可见的。

创造偶尔还是可以被看见的。20 世纪的前 10 年，瑞士工程师罗伯特·马亚尔（Robert Maillart）创造了一系列桥[6]，作为通用技术，它们根本不新鲜，但是和勒·柯布西耶（Le Corbusier）或者密斯·凡·德·罗（Mies van der Rohe）的创造一样具有创新性。在桥梁被用繁复的雕饰和厚重的石墙建成的年代，马亚尔的大桥显得优雅轻盈。直至今天，他的作品也显得非常现代。土木工程师大卫·比林顿（David Billington）在描述罗伯特·马亚尔于 1933 年设计的施万德巴赫大桥时，曾说它是"有史以来最美丽的两三座混凝土大桥之一"。它看起来与其说是要跨越沟壑还不如说是漂浮在那里，它那样纤细，却有着无可比拟的创新性。

　　作为建筑，施万德巴赫大桥并没有采用什么新形式：它依然是由固定在拱上的竖向构件来支撑桥面，这是马亚尔时代广为接受的结构形式。它根本没用什么新材料，也没用什么新的结构构件——钢筋混凝土在19世纪90年代中期就已经被应用了。马亚尔完成他如此优雅的表达时，所用的却几乎都是最普通的技术手段。经过大量的几何学分析之后——尽管他不是天才的数学家，他明白了需要大大加强桥面的刚度，这有利于把重力荷载（假如桥的一端有一辆卡车）均匀地分散在大桥的结构上。设想一个桥的实体模型，其支撑拱是一条金属带，其两端被牢牢地固定在桥墩上，但是中间部分是弯曲的。现在将桥面，一个平板，置于拱的顶部，两端也固定在桥墩上，由固定在拱上的竖向构件来支撑。在桥面的一端施加荷载会使这端向下，而另一端则会翘起。如果桥面是软的，这个重力荷载就只能作用在施力端，而这是他们不希望看到的。但如果桥面是坚硬的，桥面的硬度将使反作用力作用在未加载端，从而产生一个向上的推力，这样一来，荷载将被更均匀地分散在整个结构上。

　　正是这个"解决方案"使得桥拱和桥面的重量可以很轻，而同时也有足够的强度——而且其中又蕴藏着优雅。而重量轻也使得建桥时可以使用很迷你的脚手架。马亚尔还学会了熟练地运用新型的钢筋混凝土，从而把自己从厚重的砖石建筑中解放出来。他摒弃了几乎所有的装饰，这也是他的建筑直到现在看起来还很现代的一个重要原因。这种形式既有效又经济，而且具有创新性。但是它成功的原因却远不止这些。零部件和材料组合在一起，在整体上呈现了一种流动与和谐。这里完成的当然是一个技术产品，但毋宁说，它更是一件艺术品。

　　我并不想将标准工程及其主要的实践者们浪漫化。你在马亚尔的大桥中所发现的技巧并不来自"天才"，而是来自知识和技能的经年累月的积累，这正是马亚尔拥有并为之着迷的东西。并不是所有的标准技术的例子都和马亚尔的一样。大多数的项目依然坚持为标准问题提供标准的解决方案。需要的尺寸或规格可能会有一些变化，但是重新计算和设计不外乎还是依据一些必要的标准模板。即使最具日常性的项目也是针对一个问题或一组问题的一个或一组解决方案，同时一定也具有创造性。

这里有了一个结论。**设计就是关于解决方案的选择**。因此，设计与选择有关。如果一项技术的所有部分都被诸如重量、绩效和成本严格限定的话，选择看起来就可能很严格。但是限定经常使得问题的解决更加复杂，继而需要调集更多的部件来完成。关于一个复杂表达的选择的工作量，即解决方案和解决方案的解决方案（次级解决方案），它的数量是巨大的。技术的任何新版本都可能成为后来大量不同建构方式的潜在要素。

实践中的建构方式比理论上的要少，因为工程师倾向于重复使用以前曾经用过的解决方案——短语和表达，并且他们倾向于使用可获得的现成的组件。所以，由同一从业者完成的新项目通常少有新奇的解决方案。但是由许多不同设计者同时参与的项目则会产生许多新颖的解决方式，它们会出现在诸如实现目标的概念设定方面，在域的选择上，在组件的组合过程中，在材料、建构方式以及生产技法方面。所有这些创新聚集起来，推动现存技术及其领域的进步。不同解决方案或次级解决方案的经验以这种方式被牢固地聚集在一起，促使技术随着时间而变化和进步，其结果就是创新。

经济史学家内森·罗森伯格在谈到微小进步的聚集现象时说："改

进是通过不为人注意的设计和工程活动而获得的，但是它们构成了巨变的基本内容，并且在经济生活中为消费者带来了福利。"[7] 从这个意义上说，标准工程对创新贡献良多。

标准工程就是一个认识过程。

未来的技术构件

标准工程还有其他功能。它为技术的进化做出了贡献。读者根据我前文所述的内容可能已经预想到这一点了。大多数时候，工程问题的解决方案都是具体的，而且不是作为一个整体加入技术的指令系统的。但是一些解决方案会被偶然地多次重复使用，从而使其本身变成了目标，继而在未来的技术建构中成为新的元素。

如果你看过任何一本工程手册，你就会发现许多标准问题的解决方案。比如《机械和机械设备图集》[8] 就给出了"耦合旋转轴的 19 种方法"，以及"15 种不同的凸轮机构"。另外一个电子类的手册，则图解了 5 种振荡电器：阿姆斯特朗振荡器、科耳皮兹振荡器、克拉普振荡器、哈脱来振荡器、瓦卡振荡器。这类手册提供了标准解决方案来解决那些重复性的问题，也可以为特定的用途进行修改。有时候这些解决方案是以适当的发明的形式出现的，最后成了解决未解问题的正式答案。但是它们更多时候是因实践者找到了新的方式，即找到了一种新的、巧妙的组合现存组件或方法的方式，来解决一个标准问题。如果设计结果特别有用，就会被其他技术采用。通常它会先在共同体内部进行推广，之后再成为通用模式，这时它就变成了一个新的技术构件。

这个过程很像理查德·道金斯所讨论的模因（meme，即文化基因）[9]的运作方式。模因，正如道金斯最初设想的那样，是类似信念、流行语、时装等文化表达的单元，它们在社会中被模仿、重复和传播。成功的解决方案和理念就是以这种方式在工程中起作用的。它们在从业者中也是这样被模仿、重复和传播的。它们是组合的后备元素。

NATURE OF TECHNOLOGY
技术思想前沿

一个解决方案如果被使用的次数足够多，它就成了一个模块，并因作为适用于标准用途的模块而具有包容性，它自己也成了一项技术。

事实上，如果被使用的次数足够多，一个解决方案，一个成功的组合就成了一个模块。它会获得自己的名分，并因作为适用于标准用途的模块而具有包容性，同时它自己也成为一项技术。当一个新的术语可以概述某些复杂的想法的集合，并且成为词汇的一个新的组成部分的时候，就会有与之并行的相应的语言产生出来。"水门"或者"慕尼黑"就是源于对一系列特定的、复杂的政府过失或谈判过程的概述而建构起来的。现在，"某某门"和"慕尼黑"已经固化为独立的名词，用来表示政府过失或政治绥靖。它们已经成为语言中的构成模块，被加入构成英语的整体元素中了。

这种机械主义的解决方案能产生建构达尔文主义的模块吗？正如我所描述的，它听起来很达尔文主义。工程问题的解决方案是多样的，其中较好的会被选择并自我传播。但是我们需要注意：解决方案并不是像生物进化那样一步一步地变化而来的，它们是快速聚集起来的组合，并且以解决问题为目的。

准确来讲，解决工程问题的过程产生了新的解决方案——某种新颖的组合，但按照达尔文的说法，它不是渐变的，而是以突变方式到来的。较好的方案会被选择，并依照达尔文方式通过工程实践进行传播。最后，一些解决方案将成为建构新技术的元素。产生技术构件的最基本的机制是组合。达尔文机制在随后的选择过程中起作用，其结果是只有某些解决方案能够存活下去。

顺便说一句，这种选择并不意味着技术中最好或最适合的解决方案总会存活下来。当针对工程中给定问题的几种解决方式出现的时候，我们可以认为这种竞争是为了应用——为了能被工程设计者所采用。随着解决方案越来越得到普及，它也越来越显眼，从而更可能被其他的设计者所采用和改进。小的偶然事件，例如谁在什么时间和谁提到过某个解决方案，谁的方法在贸易杂志上被提到过，谁推销过某个解决方案等，都有可能推动某个解决方案，使其领先一步。因此它会被其他设计者更进一步地采用，进而在它的域的实践中被"锁定"（lock in）。在过程中获得主导地位的解决方案肯定是有其优点的，但是不一定非得是竞争中最好的。它可能是非常偶然地在竞争中占据优势的。

一波流行引发另一波流行，然后被锁定，这是一个偶然的过程。这一点我已经在前面集中描述过了，所以不再赘述。可以肯定地说，流行的技术（或解决方案）更趋向于获得进一步的优势，继而被锁定，所以在技术"选择"中，存在一个正反馈过程。

你可以在核电站的核反应堆设计案例中看到这种正反馈。这里的主要问题之一是冷却材料的选择：用什么将热量从反应堆的核心部分传输到涡轮机？另一个问题是慢化剂（moderator）的选择：用什么控制中子的能量水平？在核电技术发展的早期，对此曾经有很多建议——"啤酒"，一位工程师说道，这是目前唯一还没试过的慢化剂。有 3 种方案曾经被广泛地开发：轻水（H_2O），同时用于冷却和慢化；重水（D_2O），同时用于冷却和慢化；用气体（通常是氦气或者二氧化碳）进行冷却，用石墨进行慢化。

不同国家、不同公司都经历过这些方案的开发过程。加拿大倾向于使用重水方案，因为它有水力发电那一套技术用来进行重水制取；英国曾试验过气体－石墨方案，但都没有成功。美国则同时使用了几种方案。最后，美国海军在海曼·里奇欧文（Hyman Rickover）上将的领导下，开发了核潜水项目。[10] 尽管钠可能更有效，并且体积也更小，但是钠在水中会爆炸，暴露在空气中则会燃烧。由于担忧潜艇内的钠泄漏，里奇欧文最终为他的潜水艇选择了轻水冷却。此外，工程师更熟悉压缩水，因而没有对液态钠系统进行更多尝试。

1949 年，苏联爆炸了第一颗原子弹。美国的一个反应就是想通过他们拥有的核反应堆来彰显其核优势，所以美国原子能委员会在里奇欧文的建议下，在宾夕法尼亚的海港将本来打算用于航空母舰的反应堆重新设计成供陆地使用。新的反应堆和以前用于海上的反应堆一样，也采用轻水慢化。后来，西屋电气和通用电气开发出来的反应堆也都是采用轻水模式。史学家马克·赫兹加德（Mark Hertsgaard）对此评论道："这为轻水模式奠定了里程碑式的开端，其他方案无法与之匹敌，从而使该产业将它的商业前景实际上置于某些专家认为的经济和技术上都较弱的一种设计之上。"

到了 1986 年，世界范围内（苏联除外）的 101 个反应堆中，有 81

个都建立在轻水基础上。轻水解决方案占据了主导地位。[11]它虽然始于小的偶然事件，但将继续占据未来设计的主导地位。最终流行起来的技术是从几种可能的"解决方案"中选择出来的。但是，正如后来的研究指出的那样，它不一定是最好的。

在我研究"标准工程"之前，我不曾奢望它能对技术创新和进化有多么大的贡献，但是正如你从本章看到的，我现在改变看法了。标准工程中的每一个项目都会使一系列问题显现出来，每一个解决的结果都是一套对应的解决方案。可用的解决方案被建构并在实践者中传播，其中一些可能变成技术名词，进而变成未来技术的建构元素或模块。标准工程对创新和进化都贡献良多。

在第6章，我将转到另一个话题：新技术（不是指已有技术的翻版）是如何诞生的。换句话说，就是发明是如何形成的。在这之前我需要澄清一点，许多目的系统（贸易公约、侵权行为法、工会、货币系统）都是全新的，它们没有所谓的"前身"，但是它们也不总是被刻意发明出来的，如此说来，它们存在于标准工程和发明之间。那么我们需要如何对待这样一个范畴呢？

我们注意到，上述目的系统是一个缓慢的随着时间呈现的过程，这和标准工程中解决方案的产生很相似。工会实际上不是被"发明"出来的，它们是从中世纪的雇佣工互助联合会，即共谋兄弟会的形式中衍生出来的。从早期的记录中你甚至可以目睹它们的形成过程：

> 剪羊毛的人"常常在城里所有同业市场之间转悠，他
> 们会借此进行一些密谋，比如命令所有同业中人停止工作，
> 或者不为自己的主人服务，直到主人和奴仆之间或市场之

间达成某种共识"。[12]

我们看到了工会的一种新形式的形成过程（其内核则来自 14 世纪）。几百年来，始于社会实践的工会经历着成长、夯实、发展，并且应环境的要求呈现出不同的形式。

这类偶然形成的事情并不罕见，在此无须赘述。考虑到我们的主张，我们只需注意到，新的目的性系统（作为解决经济或社会问题的实践或者惯例）可以在不经意中产生，而且如果确实能起作用，它们将继续成为更广泛的系统的组件。在本书中，我们的主要精力还是放在严格意义上的主动创造新技术，即发明这件事情上，所以让我们继续追问它们是如何形成的吧！

THE NATURE OF TECHNOLOGY

06
技术的起源

新技术可以是根据某个目的或需要发现一个可以实现的原理，也可以从某一新现象出发，找到如何使用这种现象的办法。原理可以借用，也可以是先前概念的组合，或者由理论而来。只有将概念转化为现实，一项新技术才真正诞生。科学和数学中的原创，与技术没什么两样，因为它们同属"目的性系统"。

达尔文生物进化论最需要回答的核心问题是："新物种是如何产生的？"[1] 类似地，我们理论的核心问题是：根本性的新技术是如何产生的？当然我说过，不能简单地用达尔文进化论来解释技术。比如，我们不能说喷气式发动机是由此前的发动机经过自然选择获得的微小变化的积累而产生的，也不是简单地将现有的技术碎片在头脑中或现实中囫囵地加以组合就能产生的。正如熊彼特所说："无论你如何重组邮政马车，你永远不能因此而得到铁路。"[2] 这并不是否认组合原理，而是强调了创新会涉及更多的秩序性，而不仅仅是纯粹的随机偶然性的结果。

那么，新技术到底是如何产生的呢？

我们实际上也可以这样问：发明是如何发生的？奇怪的是，尽管这个问题很重要，但是在关于技术的现代思考中却还没有令人满意的答案。最后一个将发明理论化的尝试发生在 20 世纪 30 年代，但是接下来的数十年间，这个主题却被搁置了。其原因在很大程度上是由于"创造行为"的核心部分被认为是没办法进行评估的。因此，发明在技术中占据的位

置就像是心理学中的"心理"或"意识"，人们愿意谈论它，但是并不想真正解释它是什么，教科书常提到它，但也仅是一带而过，以避免对诸如"它是如何运作的"这样的问题做出解释。

我们确实知道一些关于新技术是如何诞生的故事。我们知道（大多数是从社会学研究中获得的）新技术是由社会需求形塑而成的；它们主要来自标准域以外的经验；它们更经常地在鼓励冒险精神的环境中产生；它们更容易在伴随知识交换的过程中产生；它们经常会在网络中得到促进。没错，这些解释都对，但是它们在解释"一项新技术是怎样形成的"这个问题上，除了指出"种子发芽是由于有合适的土壤"，并没有给出更多的洞见。

因此，对于技术产生的最核心部分，在历经几十年才能形成的经济结构的核心部分，以及我们所成就的人类福祉的基础部分，却依然是一团迷雾。

构成经济的装置、方法和产品到底来自哪里？那到底是个什么样的过程？这是我们的问题。

什么样的技术才算新技术

首先我们需要弄清楚，什么样的技术能被看成是一项发明呢？什么样的技术才符合根本性新技术（那些在深层意义上与以往不同的技术）的定义呢？我在这里将根本性的新技术定义为：针对现有目的而采用一个新的或不同的原理来实现的技术。原理就是做某件事情的操作方法，使某事运作的基本方式。

NATURE
OF TECHNOLOGY
技术思想前沿

新技术是针对现有目的而采用一个新的或不同的原理来实现的技术。新技术是在概念当中或实际形态当中，将特定的需求与可开发的现象链接起来的过程。

对于我们通常认为的发明，这样的界定对吗？20世纪70年代，计算机打印是通过行式打印机来实现的，其实质就是带有固定字母的电子打字机。随着激光打印机的发明，计算机打印开始通过引导激光在硒鼓上"打印"文本来实现了。在20世纪20年代，飞机动力是通过活塞式螺旋桨推动的，随着喷气式发动机的发明，飞机动力改由汽油涡轮发动机产生反推力来实现了。这采用的是不同的原理。20世纪40年代，数字计算是通过机电方式实现的，随着计算机时代的到来，数字计算通过电子中继电路得以完成。在这些案例中，新技术的形成（激光打印机、涡轮喷气发动机、计算机）都是源于一个新的或不同的基本原理。

原理中的某个变化使发明，即根本性的新技术产生的过程，从标准工程中分离出来。如此一来，我们可以分辨其中关键的差异仅仅是改进还是真正的原创。我们说，波音747是波音707的改进，而不是一项发明。它是对一项现存技术的发展而不是全盘应用新的原理。我们说，瓦特蒸汽机是纽可门蒸汽机的改进，因为它只是提供了分离式冷凝器这个新的组件，但是没有应用新原理。（当然，在商业上，有时候改进比纯原始性发明更重要。）这样看来，判断一个技术是不是真正的发明，我们仅需要通过判定对当前的目的起作用的是不是一个新的、不同以往的根本性原理即可。而这样一来，却可能导致出现一个判定的灰色地带，马亚尔的加筋甲板（stiffened deck）是一个改进的组件，还是一个新的

原理？它两者兼有。依据根本原理新颖性的程度可以产生一个连续统一体，而它存在于标准工程和根本的新颖性之间。

我们依然没有找到一个关于新技术如何形成的准确理论，但是我们现在有了一个有效的标准来衡量什么算是合格的"新"，我们在此基础上继续深入探讨。

一项新技术是怎样产生的呢？

我们现在思考的基点是新技术（发明）应该应用新原理。我说过，原理就是应用某种现象、概念或理念。所以当我们说技术建构在新原理之上，实际上是说它建构在新的或不同的一个或几个现象之上。这强烈地暗示了新技术是从何而来的。新技术是在概念或实际形态当中，将特定的需求与可开发的现象链接起来的过程。我们可以说，发明是将需求和一些现象链接起来，并能令人满意地满足那个需求的过程。（当然与标准工程比起来，这个原理或这个现象的应用对于那个目的来说一定是新的。）

我发现勾勒出这个链条很有用。链条的一端是"需求"或"目的"；另一端是能达成需求或目的的基本"现象"。在两个端点之间是一套完整的解决方案，即新的原理或现象被用来实现目的的过程。但是如何使新原理恰当地起作用，也是个颇具挑战性的过程，这需要它们继续寻找各自的解决手段。整个过程通常是以系统或集成的方式使问题的解决成为可能的过程，我们可以将其想象为解决问题的链条上的一系列环节。

这个比喻还远没结束。每一个环节反过来又都有其自身的任务，并可能因此需要接受属于它的挑战。它可能因此又需要它自己的次级链接，或者次次级解决方案。是的，不用感到惊讶，链接过程也是递归性的。它包含链接—解决—进一步的次链接—进一步的解决，并且它们可能又需要它们自己的解决方案或者发明。我们可以将发明看作集成这些链条的一个过程。这个过程会持续下去，直到每个问题和次问题都能找到现实的解决方式，直到链条完整为止。

在实际中，链接过程会相当不同。一些发明可能是单兵作战，另一些则是团队行动；一些拥有巨资资助，另一些则依靠微小资金的努力；一些需要经过经年累月的试错，并显然产生了一系列不能完全实现目标的中间版本，另一些则好似无中生有般突然呈现。

发明有两大模式：

THE NATURE OF TECHNOLOGY
技术思想前沿

- 肇始于链条的一端，源于一个给定的目的或需求，然后发现一个可以实现的原理。
- 发轫于链条的另一端，从一个现象或效应开始，然后逐步嵌入一些如何使用它的原理。

但是无论发明过程多么变化多端，最终我们都可以将它们归为两大模式。它可能肇始于链条的一端，源于一个给定的目的或需求，然后发现一个可以实现的原理。或者，它也可以发轫于链条的另一端，从一个通常是新发现的现象或效应开始，然后逐步嵌入一些如何使用它的原理。无论哪种模式，其过程都要等到将原理转化成工作元件之后才算完成。

两种模式会在很大程度上相互重叠，所以没有必要将两种过程都详细地加以描述。我将主要探究始于可见需求的那一类模式的过程，然后我再简短地补充一下始于现象的另一种模式。

找到一个基本原理

让我们假设发明起始于一个目的，为此要找到一个实现某种需求的解决办法。这个需求可能来自某种经济机会，一种关乎潜在市场利润的可能性，或者来自经济环境的变化、社会挑战、军事需求。

需求通常并不来自外部刺激，而是源于技术自身。20世纪20年代，飞机设计者们认识到他们可以使飞机在高纬度稀薄的空气中获得更高的速度。但是在这样高的纬度上，往复式发动机甚至是压缩空气超动力发动机都无法得到足够的氧气，而导致螺旋桨缺少必要的"咬力"（bite）。为了解决这个问题，就需要一个不同于活塞–螺旋桨（piston-propeller）的原理。

这种需求产生的方式很具典型意义。它们出现时常常只有极少数实践者知晓，同时可行的解决方案也还未出现。假设这时已经有了解决方案，那么标准技术就足以应对。但现在不行，因而如何定义问题本身就变成了挑战。那些接受挑战的人会遇到类似需要满足某个需求或需要克服某种限制的情况。他们很快会将挑战简化为需求—— 一个需要解决的技术问题。喷气式发动机的原创者 [originators，由于"发明者"（inventor）这个词常常蕴含"古怪而孤独地进行工作的人"之意，所以我不打算使用它] 弗兰克·惠特尔和汉斯·冯·奥海因都意识到此前的活塞–螺旋桨原理的局限，因而需要寻找不同的原理。但是他们将这种需要重新表达为一个技术性的问题—— 一个需要满足的要求。惠特尔为此选择去寻找某种动力设备，要轻巧且高效，可以适应高纬度的稀薄空气，如果有可能，甚至可以不要螺旋桨。冯·奥海因则去寻找"稳定的奇热动力学流动过程"[3]，意思是"当空气进到这个系统时，在遇到对马赫数敏感

（mach-number-sensitive）的发动机元件之前会减速"。至此，需求已经变成一个被详尽描述的问题。

现在需要继续去寻找合适的解决方案。思想者（我暂且将发起者设定为一个人，而通常的情况都是几个人同时工作）开始专注在问题上，开始调查、搜索能够通过进一步发展来满足必要条件的可能性。这种搜索通常是概念性的、宽泛的、执着的。牛顿的一段很有名的关于他的引力轨道理论的评论是：顿悟来自"连续不断的思考"。这种连续的思考允许无意识工作，有可能从过往的经历中回想起某个现象或概念，而且它提供了一个无意识的警觉，当一个可供选择的原理或界定问题的不同方式出现时，叩门声就会轻轻地响起。

这个阶段所追求的并不是完整的设计，正如我前面说过的，这时需要寻找一个基本的概念，即关于何种效应或效应组合作用时正好会解决问题的理念，以及关于达成这个理念所需要的工具手段的设想。

每个经过认真思考得出的备选原理又会带来自己独有的困难，这些困难将抛出新的次一级的概念性问题。因此"新障碍"等于是对待解问题进行了缩小或再定义。一旦思想者认识到一小部分问题可以被解决，那么其他大部分的解决方案就会跟进，或者至少会比较容易地落实到位。这是个在不同层级之间来回跳跃的过程，一会儿需要测试原理在某个层级上的可行性，一会儿需要解决它们在较低层级上产生的问题。

上文提到的整个过程如同预先策划登山线路一样。抵达顶峰相当于解决问题，预想一个基本原则如同设定一个从某个确定地点出发的比较可靠的整体（或至少大部分）的攀登线路。山上是障碍重重，充满了未知的冰瀑、裂谷、峭壁、雪崩和坠石。每一个新的原理（或者说攀爬的

总体规划）都会遇到需要克服的困难。

此时，递归性又一次上演了，因为每一个障碍都变成了自身的次级问题，并需要各自的解决方案（次级原理或者次级技术）。直到完成了从出发地到山顶的可行的攀登规划之后，才意味着获得了整体的解决方案。

当然，我们可能曾经领略过这座山的某处风景，也就是说，某个次级技术是我们知道的，那么其解决方案就可能被采用。如此一来，整个过程更像将已知部分连缀在一起，而不是作为先锋去寻找一条完全陌生之路。这个过程也是递归性的，整个事件内部是级联关系，它形成了一个前进的计划，或者对我们来说，是一个技术的预想过程。

这些候选路径，这些原理又是从何而来的呢？

它们来自几个方面。有时候原理是借用的，它们本来满足的是别的目的，或使用的是另外的域。惠特尔在 1928 年曾考虑了几种可能性[4]：火箭推进力、转动式喷嘴的反作用力、使用螺旋的涡轮推力（涡轮螺旋桨飞机）、活塞引擎推动的管道排风机，以及所有这些问题引发的次级问题。这里的每一种可能性都借用了本来服务于其他技术目的的原理。

技术思想前沿

原理从何而来？有时候原理是借用的；有时候原理来自以前概念的组合；有时候原理来自对过去的回顾；有时候原理是和现存功能性结合在一起出现的。原理来自已有的其他设备、方法、理论或功能之中，它们从来都不是无中生有的。

有时候，新原理来自以前概念的组合。1940 年，英国战争期间需要找到传输雷达微波的有效方式。物理学家约翰·兰德尔（John Randall）和亨瑞·布特（Henry Boot）一下子想到磁电管的原理[5]——磁电管是一种圆柱状电子管，能够利用磁场控制电流，从而产生雷达系统使用的微波。为此他们将电磁管的高能量输出和电子速调管利用共振腔扩大微波的优点组合了起来。

有时候，原理来自对过去的回顾，或者从同事的谈论中偶然获得，或者由理论而来。实际上，兰德尔曾经偶然在书店看到了海因里希·赫兹的《电波》（*Electric Waves*）的英译本。这本书使他想到了圆柱谐振腔——基本上就是赫兹在他的书中所分析的三维的线圈共鸣箱。

有时候，原理（一种概念上的解决）是和现存的功能性结合在一起出现的，每一次出现解决一个次生问题。1929 年，欧内斯特·劳伦斯（Ernest Lawrence）找到了使带电粒子加速以实现高能粒子对撞技术的方法，即粒子可以被电场加速。但问题是，当时人们还不知道如何获得产生高强度电场的极高电压。直到有天晚上，劳伦斯在大学图书馆浏览学术期刊时，发现了挪威工程师罗尔夫·威德罗（Rolf Wideroe）写的一篇文章。罗尔夫·威德罗的想法是用低电压交流电使粒子反复振荡进行加速，这样就回避了高电压问题。他建议通过一系列首尾相连的管子来传输粒子，管子和管子之间有小的缝隙。管子的安排要恰到好处，即粒子一定要在交流电的峰值通过缝隙的时候同时到达。但是这意味着当粒子运动越快，管子的长度就需要越长。劳伦斯看到了这个方案的精妙之处，但是他算了一下，如果想达到他要的能量，管子就要伸到实验室的窗户外面去了（按照现在的观点，管子的长度需要达到 3 千米）。威德罗的想法在劳伦斯看来不具可行性。

　　但是就像当时任何一位物理学家一样，劳伦斯知道，磁场可以引起带电粒子在回路中运动。我问我自己："是否可能用两个电极管一刻不停地输送阳离子（粒子），通过某种合适的磁场排布，让它们在电极管中来回运动。"[6]换句话说，可以通过只使用两根管子，将它们弯成两个半圆，中间有缝隙，然后使用磁场驱使粒子在这个环形回路中来回运动。接着他让威德罗的恰到好处的交流电通过缝隙，这样粒子就在每次通过缝隙时被加速了。当粒子不停地旋转运动时，就可以被加速、盘旋，最后被高能释放。

　　这个原理最终演变成了回旋加速器。它的实现过程是：将问题从如何获得高电压转变为如何使用威德罗提出的低电压交流的次级原理，然后再利用劳伦斯的方法，用磁场来大大降低空间需求的次次级原理。此处获得的原理是在已存在的碎片（现存的功能）的基础上建构而产生的。

　　在所有这些案例中，原理都是来自已有的其他设备、方法、理论或功能之中，它们从来都不是无中生有的。[7]在发明的创造核心，呈现的是"挪用"（appropriation）的特征，是某种半意识形态的精神借鉴。

　　有时候，原理来得很迅速，只需花费很少的心力。但是更多时候，整个问题都藏在思想背后，被一些困难所困扰，并没有现成的原理摆在眼前，而且这种状况可以持续数月甚至数年。

　　解决方案有时候会突然出现，就像查尔斯·汤恩斯（Charles Townes）在讲述他发明量子放大器的过程时说的那样："灵感倏然而至。"惠特尔也曾写道：

我在惠特灵时，突然间我的脑海中出现了这样一个念头，去找一个替换活塞发动机的涡轮机（用来驱动的压缩机）。这种变化意味着压缩机要有一个比我对活塞发动机的期望高得多的压力比。简言之，我又回到了燃气轮机上，但这一次是推进喷气式飞机，而不是推进压缩机。当想法初现时看起来怪怪的，我花了很长时间才找到那个概念，而突然间它显得那样明显而且简单。计算结果使我确信这远远超出我的预期。[8]

灵感的显现就如同一个疏通堵塞的过程，经常是一下子就通畅了。要么是总原理找到了可以与之匹配的次级原理，要么是一个次级原理为主原理的应用扫清了障碍。这是一个连通的时刻。它在问题与能够解决问题的原理之间完成了链接。

使人感到惊奇的是，对于发现者来说，这个洞见是如此完整，让人觉得在无意识中各部分已经被组合完好了一样。而且它一来，大家就"知道"它是对的——那是一种对其解决问题所具备的正当性、优雅性、非凡的简洁性的觉察。因为它总是从一个人的无意识中涌现出来，所以洞察力通常来自个体，而不是团队。它一般不会在活动中或狂想时出现，却常常在静寂中到来。

灵感力的到来并不是过程的结尾，而只是一个标志。概念依然必须被转化为可行的技术原型。就像作曲家虽然在头脑中已有了主题，但是依然需要通过演奏来将它们一起表达出来一样，原创者必须将工作组件组装起来，才能完成他的概念的表达。

概念的物化

概念物化的进程很可能早已开启了。一些设备或方法的概念通常在经验中已经被建构起来，某些基本概念也可能早已经在实践中被试验过了。所以发明过程的第二步和第一步通常是有重叠的。将概念完全实现，意味着详尽的细节建构；关键组件必须被制造出来、做出平衡并进行建构；要选择恰当的测量工具；要进行理论计算。这些建构需要背后的鼓励和资金支持。竞争在这个阶段是有帮助的。事实上，如果各竞争团队觊觎的是同一个原理，那么接下来的竞争一定非常激烈。

将理念变为现实的过程会带来许多挑战，这些挑战或许曾经在头脑中被很多次地预想过，而如今必须在真实世界中面对它们了：在提出解决方案的过程中，有时会经历失败，如零部件可能不适用，也许需要重新进行设计，也许必须进行实验等。发明的第二步主要是寻找次级问题（subproblems）的解决方案，其中会包含许多标准工程的特征。

这一步所面对的挑战可能是巨大的。20 世纪 60 年代晚期，施乐（Xerox）公司的盖瑞·斯塔克伟泽（Gary Starkweather）曾经探索一种不会受制于缓慢的逐行打印机（本质上的一种大型打字机）的限制，而能够直接打印数字化字节（例如由计算机制造的图像或文本）的方法。最初，他曾经想到过用激光将图像"打印"到硒鼓上这一核心理念。但是在将概念付诸实际操作时，他遇到了几个困难，其中有两个关键性的难题亟须得到根本的解决：为了使打印过程可以商业化，必须将扫描文稿的时间控制在几秒钟之内，也就是说，为了得到高分辨率的扫描结果，需要激光束能够以每秒 50 万次的速率通过开关的通断得到调制，从而使黑点或白点留在硒鼓鼓面上。但在当时，以这样的速率调整激光是不可能的。同时，对于这个任务来说，激光和镜头上的所有模块（module）都太重了，这将带来过大的惯性，从而导致在以每秒数千次速率的扫描过程中出现持续反复的物理振荡。要完成既定的技术目标，这两个问题都必须得到解决。

斯塔克伟泽通过应用由一个压电单元驱动的偏振滤波器，开发出一个非常快的快门装置，从而解决了开关高速通断的问题。[9]通过利用一个旋转多棱镜，可以使激光束移动，而激光模块却可以保持不动，这样就解决了惯性问题。当多棱镜转动的时候，每一面都可以扫描硒鼓上的一窄行，这很像灯塔发出的光束横扫过地面时的情形。但是这个解决方法随即带来了它自己的次生问题。斯塔克伟泽经计算发现，多棱镜相邻的镜面的紧密度公差（tight tolerance）必须是准确的 6 弧秒，否则相邻的扫描行就不能很好地相互弥补，从而出现扭曲。但是，加工到那种精细的程度在成本上是不可行的。一款精心设计的柱透镜（斯塔克伟泽是主修光学的）解决了这个问题，它可以确保相邻行不至非常紧密，这样即使镜面轻微错开也不要紧。

当你听完斯塔克伟泽的故事后，印象最深的应该是他所面临的选择。每个次生问题都可能有几种解决方案。斯塔克伟泽选择解决方案，检验它们的可行性，并努力从中组成和谐的整体。当需要找到次生或次次生问题的源头时，他就向下拓展这一梯式递归进路，如果这些问题得到解决或被放弃了，他就再向上回溯。这个过程几乎总是很漫长，只有当获得了必要的知识，并且次生技术带来的挑战已被成功地克服后，才能向前迈一大步。前进的方向总是沿着运行恰切的版本向前延伸的。

最早的导航装置是一个很具说明性的例子。尽管它最初看起来并

不完善，然而它诞生的那一刻却弥足珍贵。所有关于其起源的叙述都会记下那粗糙的集成闪烁出生命火花的时刻。在这一刻，原理得到了自证。成功了，一个里程碑过去了，让我们为那些时刻而欢呼。"1954年4月初的一天，我和我的学生们正在进行一场研讨会，吉姆·戈登（Jim Gordon）突然闯进来，"汤恩斯（在谈论微波激射器的发明时）回忆道，"他翘课是为了完成一个实验。他高呼他成功了！我们立刻停止了讨论，和他一起奔向实验室去看振荡的证据，然后就开始庆祝他的成功了。"[10]

最初的呈现可能真的很微弱，但是随着进一步的努力、自组织性的修复以及随后呈现的更棒的建构，巩固的工作状态就浮现出来了。这时，一个新的基本原理就进入一种基本可靠的状态了，即它具备了物理形态。所有这些都需要时间——它考验着赞助者和主管们的耐心。在这段时间里，最为必要的人类品质就是意志力，一种要赋予原理以生命，使其成为有效实体的意志力。到目前为止，一个新装置或方法又成为进一步开发并进行商业应用的候选者了，如果足够幸运，它就有可能作为某种创新进入经济领域。

发明，作为一个过程，现在完成了。

基于现象的发明

我们简单地谈两句发明的另一个过程——始于现象的发明过程。这个过程也是现象和目的的链接过程，不一样的地方在于，过程开始于现象一端。通常，当人们注意到了一个现象或拥有了关于该现象的理论时，就意味着有了一个如何使用它的理念、一个原理。和始于需求动机的过程一样，接下来的过程也同样是建构出支撑组件来将原理转化成现实的技术。

始于现象的发明过程似乎应该简单些了。一个现象可能直接就暗示了一个可应用的原理，而且通常的确如此。但是有时这种暗示也是不清晰的，比如 1928 年亚历山大·弗莱明（Alexander Fleming）那个著名的发现就是如此。他当时注意到一个现象，即一种霉菌（后来被证明是青霉菌的孢子）中的某种物质可以抑制葡萄球菌的生长，他随即意识到这可以用来治疗感染。这一存在于现象和应用之间的联系在回顾时很清晰，但实际上还有许多人，比如物理学家约翰·廷德尔（John Tyndall）在1876 年，安德烈·格拉提（Andre Gratia）在 20 世纪 20 年代都曾经先于弗莱明注意到了这个反应，但他们却都没有预见到它的医疗用途。弗莱明"看到"这个原理是因为他在第一次世界大战中曾经是医生，曾对战地感染造成的伤亡感到震惊，因此他更容易发现一个看似无用而实际上意义重大的现象。

即使应用原理清晰可见，技术实践的转化工作也并非轻而易举。通常的情况是，如果效应是新颖的，就不易被理解，同时相应的技术工具可能还未被开发。例如，将青霉菌现象转化成可用的治疗方法首先意味着对青霉菌中的活性成分进行隔离和纯化；接着需要弄清楚它的化学结构；然后需要经过临床试验检验其疗效；最后还要进行生产方式的开发。这一整套步骤完成下来，已经远远超出了弗莱明的能力范围，它需要集结高度专业化的生物化学专家们来共同完成。最终这一计划是由牛津邓恩病理学院的霍华德·弗洛里（Howard Florey）和恩斯特·柴恩（Ernst Chain）领导的生化学家团队来执行的。13 年之后，弗莱明的发现才转化成实际可行的技术产物——盘尼西林（青霉素）[11]。

我曾经说过，发明或者始于需求，或者始于现象，但是读者可能会反对说，有许多发明并不是这样的。莱特兄弟确实不是从需求或现象出发的。自力推动飞行器的愿望以及实现它的两个基本原理（通过轻体内燃机推动、通过固定式机翼飞行）在许多年前就存在了。事实上，这种情况并不少见。基本技术原理和对应的需求经常一起被发现，而能将其变为现实的次生原理和元器件则可能要等到数十年后才会被人们发现。莱特兄弟所要做的是解决阻碍原理被转化成可行技术的 4 个关键的次生问题。通过认真地实验和无数次尝试，他们终于解决了飞机控制及其稳定性的问题，发现了机翼对飞机上升的举足轻重的作用，建造了轻体推动系统，开发出了高效推进器。他们在 1903 年的那次动力飞行不能作为对一次"发明"过程的完整解释，它只不过是前人踩踏出的漫长小路上的一个标志而已。

莱特兄弟的案例并没有形成其他不同的发明模式，它只是我描述的两种模式的一个变种。基本原理有时会自然呈现，有时会突然出现。困难之处在于如何使原理正确地发挥作用，这可能需要漫长的努力。

什么是发明的核心

关于发明我已经说得够多了。**发明的核心在于发现合适的可行性解决方案，即"看见"合适的工作原理。**剩下的，夸张点讲，就是标准工程了。有时候原理显而易见并容易借鉴，它会自然而然地呈现。但大多数情况下，它需要进行深思熟虑的心理联想，那好似一个在头脑中进行的链接过程。

那么这种心理链接过程到底是怎样发生的呢？ [12]

回到劳伦斯案例。我们注意到，开始时他并没有想到后来那个最终解决方案，即将一个电磁铁与一个产生于两个 D 型容器之间的振荡射频电场组合起来。他思考的是如何将可采取的行动和可利用的效应（功能）组合起来，并达成解决方案。换句话说，他是将问题和解决方式联系起来，并且想象当某些组合构成后会发生什么。

劳伦斯的洞察力固然是深邃的，但这只是因为他所利用的不是我们特别熟悉的功能。从原理上看，劳伦斯的问题和我们日常面对的问题其实并没什么不同。当我的车还在修理店里而我却想去上班时，我可能会想：我可以先坐地铁，之后换乘出租车，或者我可以搭朋友的车，又或者我可以在家工作，只要我能在我的小窝里腾出块地方就行。我在我的日常功能储备库中搜寻，选出一些加以组合，并考虑每种解决方案所带来的次生问题。当我们看到这种方式应用在我们日常的生活当中时，会感到这种推理并不神秘。其实在发明中，它也没什么不同。可能它发生的领域是我们不熟悉的，但是那一定是发起者所熟悉的。发明的核心是心理联想。

我在谈论劳伦斯那类的心理联想时用到了功能性。发起者进入功能库中去想象，如果某些功能组合起来会发生什么。但有时联想直接来自原理自身。原理经常跨界工作。例如，哪里有波（声波、洋流、地震波、无线电波、光波、X 射线、粒子），哪里就有干涉（两个或两个以上的波能产生叠加）、频谱、共鸣系统（以其固有频率振荡）、折射（当进入一个新介质时，波会改变方向），以及多普勒效应（如果波源相对于我们运动，频率会有可被感知的变化）。所有这些都会提供一个可以利用的概念——原理，它们反过来也可以从传统"域"中借用过来，并应用到新"域"当中。发起者想到需求功能：如何才能测量运动？如何才能在

一个特定的频率中制造一个稳定的振荡？然后他会从某些已知的领域开始联想，并借用其中的原理。兰德尔借用了赫兹的感应线圈原理，并且设想它在三维模式中如同圆柱谐振腔一样工作。当发起者需要一个特定功能的时候，他们可以回过头联想他们知道的、在某一领域内产生过相应功能的原理。这一机制的核心称为原理转换（principle transfer），它是"发现"的一种类比，这是另一种心理联想的形式。

我说发明的核心是心理联想，但并没打算排除想象。恰恰相反，发起者必须具备足够的想象力去理解问题，这是第一位重要的，然后才是预见它如何被解决、有多少种解决方式、必要的组分及结构是怎样的，以及如何解决随机出现的那些还不可见的次生问题。但是这类想象绝不神秘。发起者的共同之处既不是"天赋"，也不是某种特殊的能力。实际上，我不相信有天赋这类东西，我只相信对巨大的功能和原理库的占有能力。发起者通常很熟悉他们即将应用的原理、现象的相关实践或理论内容，惠特尔的父亲是一位机械师和发明家，因而惠特尔从小就对涡轮机很熟悉。

然而，发起者不仅要掌握某种功能性，并在他们伟大的创造中一劳永逸地用一次，还要更频繁地面对冗长的功能集结过程，以及由此带来的无休止的、如同钢琴五指练习般的针对微小问题的试验过程。在和功能性打交道的这个阶段，经常可以看出发起者试图利用某种现象的蛛丝马迹。在查理·汤恩斯的伟大发现完成的 5 年前，他就曾在他的备忘录中提到微波无线电"已经可以利用如此短的波长，以至于已经和对分子共振有丰富研究的量子力学理论和光谱分析技术有了部分重叠，这可能会对无线电工程有巨大帮助"。而他正是用分子共振来发明微波激射器的。[13]

我们可以看到功能性的专业知识聚集过程，通常这个过程在发起者眼中都是理所当然的。生化学家凯利·穆利斯（Kary Mullis）认为他的聚合酶链反应计划（从单一 DNA 样品复制出含有大量 DNA 拷贝的 DNA 链）非常简单。"它太简单了……所涉及的每个步骤都已经完成了。"[14] 但是穆利斯的"简单"解决方案是"通过往复促成与带有特殊 DNA 顺序的独立各股相杂交的两条引物的交互延伸来放大 DNA"。这就意味着首先要找到一段 DNA 原本，然后标出待复制片段的首尾，接着将 DNA 双螺旋分离成两条单链。一旦原本被加入，双链就可以使用一种被称为聚合酶的酶开始复制，联结互补成分形成两个新的双螺旋。重复这个过程使得新的双螺旋以 2、4、8、16 的倍数无限地进行复制。穆利斯口中的"简单"，只是对像穆利斯这样的对 DNA 功能非常熟悉、操作也非常有经验的人来说，才是简单的。

因果性金字塔

我在本章已经描述了作为微观过程的发明，即一个人（或几个人）提出一种新的做事方法。但是它一定是发生在某个情境中的，换句话说，**新技术一定衍生于此前已经存在的组分或功能之上**。这样的观察可以使我们如同透过广角镜一样看到更全面的发明过程：新技术实际上是由先前做出铺垫的一系列设备、发明和理解的堆积而形成的山峰。

事实上，我们可以假定任何新设备或新方法都是一座通向顶峰的因果性金字塔。那是一座应用共同原理的技术金字塔，一座包含所有对此新技术有所贡献的先驱技术的金字塔，一座包含那些使新技术成为可能的支撑原理或组分的金字塔，一座包含使这些新技术成为可能的，但是曾经一度是新现象的金字塔，一座包含用于新技术中的仪器、技术以及

制造过程的金字塔，一座包括先前工艺及其理解的金字塔，一座包含用来描述现象的语法以及所用原理的金字塔，一座包含在这些层级上人们之间互动的金字塔。

在这座因果性金字塔中，特别重要的是随时间增长的知识的积累，既包括科学形态也包括技术形态的知识。正如历史学家乔尔·莫基尔和埃德温·雷顿（Edwin Layton）指出的，这种知识不仅存在于工程实践自身当中，而且也存在于工科院校、学术团体、国家科学院、工程院以及公开发行的出版物当中。**知识构成了新技术呈现过程中至关重要的基础部分。**

这一更为宽泛的视角[15]与我们前面的论述并不矛盾。这个因果性金字塔对发明的宏观过程的支撑，非常像战争中后勤系统对部队的支撑。事实上，可以用历史因果性的解释来替换我这种个人用法。这就像解释滑铁卢战役时，其军事作战兵力、文化、培训和设备，其先前的成就，以及他们的补给线都可能成为解释战争胜利的原因，但我们往往将赢得战争的原因更聚焦于在实际战斗中发生军事冲突的紧急时刻所做的决策和采取的行动等方面。

说新技术拥有因果性历史并不表示它们的出现是可以预先确定的。发明取决于奇思怪想和发现新现象的时机，还取决于新需求的出现，以及对此做出回应的人的洞察力。同时，由于所有发明都会受到因果性金字塔支撑，这也意味着当必要性和需求的碎片都一一铺垫到位之时，一项发明就将显露。

这种时机呈现过程中粗略的"就绪状态"使得一项新技术很少拥有唯一的发起者。几位颇具代表性的发明家可能会几乎同时想到同样一个原理并准备付诸实施。众多的努力以及关键部件的加入使得我们实际上很难从"第一"这个意义上来讨论"发明"。更多时候，我们可能看到部分原理以与从前相关的方式出现或者只是以往形式[16]的重新体现，我们无法很好地领会它们，但实际上它们有共同的出身。我们总能看到一个系列产品的原初版本是由不同的工人互相借鉴着开发出来的，只是随着新的次级技术的出现，设备和方法才从最初的粗糙状态逐渐变得精致起来。以计算机为例，它实际上并不很像"发明"。我们可以说克劳德·香农（Claude Shannon）"看见"了利用电子传递线路进行算术运算的基本原理，然后原理的实践转化版本被建立起来，之后通过互相借鉴，加上组件的连续改进，最终完成了计算机的发明。因此，计算机的发明不是一蹴而就的。

如同上述情形展现的那样，设定一项所谓的"发明"是困难的。现代关于技术的有些论述已经谈到这一点。计算机先锋迈克尔·威廉姆斯（Michael Williams）就认为：

> 与人类发明相关的活动中根本就不存在什么"第一"。如果你加上足够的形容词来描述，你总是可以声称你找到了你认为的第一。例如，电子数字积分计算机（即 ENIAC）经常宣称自己是"第一台电子、通用、规模化、数字计算机"。但是，在你有一个正确的陈述之前，你一定要加上所有这些形容词。如果离开它们中的任何一个，那么，像阿塔纳索夫－贝瑞计算机，"巨人"（colossus，美国海军水下声呐探测潜艇警报系统的代号），楚泽（Zuse）的 Z3 计算机（德国康拉德·楚泽开发的第一台采用二进制和布尔逻辑的可编程计算机），以及许多其他设备（甚至一些根本没有建造的

机器，如巴贝奇的分析机）都将成为"第一"的候选人。[17]

威廉姆斯是对的。事实上，由于同样的原理会被许多人想到，以及将原理付诸实施的行动的多样性，这通常使得将"第一名"的殊荣完全给予某一个人或某一组人都显得缺乏说服力。如果一定要把"第一个"发明的荣誉归功于谁，那么一定是那个第一个拥有清晰原理的人或团队。他们看到了原理的潜力，努力使其获得市场的接纳，并最终令其获得充分的使用。但通常会有好几个这样的人或团队几乎同时存在。

其实即使是一个单一的发起人，由于人际互动和信息网络[18]的存在，也已经大大扩展了我描述的那个发明过程。这些交流会使发起人沉浸到相关问题和先前所进行的尝试当中，并提供原理在其他域中应用的建议以及相关的设备和技术诀窍，从而有助于将概念转变成物理实在。

科学与数学中的发明

我所描述的关于发明的逻辑结构能否被拓展到科学和数学的起源上呢？我的回答是：如果加上一些必要的变化的话，是可以的。理由是，不论科学理论还是数学理论，其目的与技术一样，都是要使其系统化。它们的结构来自那个完成给定目的的组件系统，因此，技术的逻辑同样可以应用在它们之上。

让我用一个读者耳熟能详的科学例子来阐明这一观点。在达尔文完成贝格尔号航行后大约一年的时间里，他一直在寻找一个关于物种进化的理论，来解释诸如他在加拉帕戈斯群岛观察到的不同种类的雀类是如何形成的问题。从他的阅读和经验当中，他将一组事实和观点放在一起，这可以帮助他找到一个支撑原理：进化的时间尺度与地质时间是相符合的；个体应该是物种形成的中心元；性状的变化在某种程度上可以遗传；变异可以使物种适应缓慢变化的环境；在个体生命过程中获得的习性，可能会以某种方式促成可遗传的变化；动物饲养员可以选择他们想要的对遗传有利的特质。事实上，"我很快就认识到选择是人们成功获得动植物育种的基石。但是选择是如何被应用于生活在自然状态中的生物身上的，对我来说还是个谜"。达尔文纠结于这些不同的候选组件将如何共同建构起一个关于物种进化的解释。

在 1838 年，达尔文写道："我为了消遣，碰巧阅读了马尔萨斯的人口论，并为去理解书中随处可见的生存斗争的论述做好了思想准备。这种准备来自我对动植物生活习性的长期观察。醍醐灌顶般地，我认识到，在这种情况下，有利于生存的变异将会被保存下来，而不利的将被摧毁。结果就会形成新的物种。这时，我终于找到了一个有效的理论。"

用我的话来讲，达尔文并没有从马尔萨斯那里得来理论，他只是借用了一个次级原理：对稀缺资源的持续的竞争选择了群体中最具适应性的个体。然后他应用这个次级原理，使得他的两个主要原理之一成为可能：那些有利的适应会被选择，并被积累下来，从而产生新的物种。但对于另一个主要原理，即变异产生了一系列特征，在此基础上选择才得以进行，他还不能归纳出更好的解释，所以不得不将其作为一个前提。但是我们必须承认，将部分组合起来形成解释功能，使他找到了一个令他得以展开工作的理论。经过 15 个星期的艰苦思考，他完成了他的基本原理。而余下的工作，即运用所有的支持片段进行从基本原理到完整理论的细节转化，并最终使自己达到满意的过程，则用了大约 20 年。

科学理论化的起源说到底也和技术一样是一种链接，一种对一个可观察的给定问题与一个对此有模糊暗示的原理之间的链接。科学最后需要用一套完整的原理再现这一切。

数学中的起源又是怎样的呢？它也是一种链接。但这次需要被证明成为某些概念形式或原理的东西（通常是一个定理）共同构成一个证明过程。设想一个定理是一轮精心建构的逻辑论证，如果它是在已被接受的逻辑规则之下建立的，那么它就是有效的。这些规则来自其他有效的数学内容，主要包括其他定理、定义以及那些构成数学有效组件的辅助定理。

一般来说，数学家"看到"或模糊地感到一个或两个主要原理，即一种概念性的想法，然后以可证明的途径提供某种整体的解决方案来进行证明，这些用于证明的方案必须来自其他公认的次级原理或定理，最后再去除每个部分有争议的部分。安德鲁·怀尔斯（Andrew Wiles）对费马大定理的证明就是使用了日本数学家谷山纪章和志村五郎的模块化和椭圆方程作为基本原理来链接他需要的两个主要结构的。

为了证明这个猜想并链接构成争论的各部分，怀尔斯采用了很多次级原理（subprinciples）。"你翻到一个页面，就会看到那里有德利涅（Deligne）的一些基本原理的简短概观，"数学家肯尼斯·里贝特（Kenneth Ribet）说，"然后你翻到另一页，多少有点巧合，你会看到赫勒高曲（Hellegouarch）的原理——所有这些都会被召来参与并在下一个念头出现之前被短暂地利用。"[19] 这个整体是一种原理（概念性理念）的级联（concatenation），它们共同建构以达成目的。而每个原理构成或原理又都源于一些更早期的级联。和技术一样，每个链接都提供了一些通用的功能，一些构成争论的关键部分，它们被用于整体结构之中。

科学与数学中的原创和技术中的原创没有根本性的不同，我们不必对此感到惊讶。这种对应的存在不是因为科学、数学和技术是一样的，而在于三者都是目的性系统。广泛来说，也可视为达到目的的手段，因此需要遵循同样的逻辑。三者的构成都始于形式或原理：对于技术，是源于概念性的方法；对于科学，是源于解释性的结构；对于数学，则源于真理与基本的公理结构。因此，技术、科学和数学的产生都是通过类似的试探启发过程——基本上是通过存在于问题和能满足它的形式之间的一个链接来完成的。

发明与新的构件

我们现在有了关于"新技术是如何产生的"这个关键问题的答案了。其机制当然不是达尔文主义的。技术中的新物种并不是产生于微小变化的积累。它们产生于一个过程，一个人类的漫长过程；一个将需要和能满足需要的某个原理（某个效应的一般性应用）链接起来的过程。这个链接从需求自身出发，延伸到能够被驾驭的某个基本现象，再通过配套解决方案以及次级解决方案最终使需求得以满足，并且使其界定出了一个递归性的过程。这个过程不断进行类似的重复，直到每个次级问题消解到可以进行物理性解决的程度。最后，问题一定会被那些已经存在的片段、成分，或者那些由现存部分创造出来的片段所解决。发明是从已有之物中产生出来的。

我们现在可以理解为什么发明是如此不同了，因为每个个别的案例可以分别源于需求驱动或者现象驱动；发起者可以是一个人也可以是很

多人；发明原理可能很难被想象，也可能自然地就流露出来了；把原理转化为物理组件可能很简单，也可能只有当关键的次生问题被解决之后才能进行下去。但是无论它们经历了什么，最终所有的发明共享同样的机制：**所有发明都是目的与完成目的的原理之间的链接，并且所有发明都必须将原理转化成工作元件。**

那么在关于新技术如何从技术集合中建构出来的问题，上述论述又能告诉我们什么呢？将本章论述和第 5 章结合起来，我们可以说，新构件的产生有 3 个可能的途径：作为标准工程问题的解决方案（阿姆斯特朗振荡器），非刻意审慎的发明（货币制度），以及新发明，即在全新的原理之下全新的根本性解决方案（喷气式飞机发动机）。无论哪种情况，发明都是产生于那些提供了制造新元素必要功能的已有技术（现存的元素）的组合。

至此，我们依然没有完成对个体技术的解释，一项新的技术并不会就此停滞，它是会发展变化的，或者我们可以说它存在一种狭义上的"进化"过程，会呈现出一个改进的面貌，因而会建起一个家谱。如同发明自身一样，这种发展自有其独具特征性的阶段。那么技术的发展及其背后又隐藏着什么呢？

THE
NATURE
OF
TECHNOLOGY

07
结构深化

技术一旦走上发展之路，各种各样的版本就会随之出现。通过"内部替换"，开发人员可以用更好的部件（子技术）更换某一形成阻碍的部件。开发人员还可以通过寻找更好的部件或材料，或者加入新组件进行结构深化。旧设计和旧原理一经锁定，就会产生新用途。

通常来讲，一项新技术的最初版本都是粗糙的。在新技术发展初期，只要它能发挥基本效用就足够了，此时，它可能只是由现有构件或者其他技术中的零部件粗略地拼凑而成。劳伦斯最初的回旋加速器就只用了一把餐椅、一个衣帽架、玻璃窗、封蜡，还有些黄铜当配件。诞生初期的技术只能以手边可用的组件作为基础，然后再做适当调整，并适当地扩展应用范围以尽量有效地服务于不同的目的。接下来，推动者会不断把玩这个新结构，并开始制造新配件。为此，他们需要试验更好的材料、发展理论、解决问题，当然过程中会常常碰壁。总之，这是个通过逐步的、试验性的努力取得进步和发展的过程。

技术的两种发展机制：

内部替换（internal replacement）和结构深化（structural deepening）。内部替换是指用更好的部件（子技术）更换某一形成阻碍的部件。结构深化是指寻找更好的部件、材料，或者加入新组件。

THE NATURE OF TECHNOLOGY
技术思想前沿

　　一项技术就这样开始走上一段发展和进化的旅程。[1]实际上，这段旅程可能早就开始了。在将基本概念转化成物理形式的过程中，人们就已经在试验不同的零部件了，并一直致力于寻求改善，因此，在技术的创始和发展之间，并没有一个清晰的界限。

　　无论技术发展是怎样开始的，一旦上路了，技术的不同版本就会随即出现。其中一些版本出自技术的发起者，一些则来自侵入这一新领域的其他发展者，还有一些可能来自实验室或者一些寻求发展新技术的小公司。之所以这样，一方面是因为这些行动者可能会有各自界定概念的视角；另一方面则是因为当新技术开始适应不同的目的或市场时，会发生相应的演变，这也会使技术慢慢呈现出不同的版本。[2]例如，雷达在实现了"探测飞行物"这个基本目的后，其功能就被分别拓展到探测潜艇、空中和海上导航，以及空中交通管制等许多分支领域去了。

　　不同的视角和应用分支为解决问题提供了不同的方案。我们可以说，是技术本身引起了解决方案的变化，是它自己表明或暗示了需要什么样的解决方案。随着时间的推移，开发者可以获得更大的空间去选择解决方案，这时达尔文学说中的变异和选择就真的在技术中开始发挥作用了。[3]**通过选择更好的方案来解决其内部设计问题，技术的不同版本将逐步得到改善。**

　　但设计师们也通过自己的深入思考来改进技术，对此达尔文学说是无法帮助我们弄明白他们是如何做到的，也无法对技术发展之谜给出解释。在技术逐渐成熟的过程中，它们总是倾向于变得更复杂，实际上是变得非常复杂。F-35C喷气式战斗机比莱特兄弟的飞行器要复杂得多。如果硬说它是莱特兄弟飞行器的变异和选择的结果，那对我们的想象力将是巨大的挑战。这里应该有什么东西是超越单纯的变异和选择而起作用的，让我们回到技术发展过程中重新审视一番，看看到底是什么在起作用吧！

内部替换

当一项技术涉及了商业或军事的议题，它的功能性就将可能受到"促逼"（pushed）：它被逼迫着给予更多功能。为了赢得竞争，投资人会寻找更好的组件、更优化的结构，不断进行组件间的调整和平衡。如果竞争非常激烈，甚至技术的边边角角都会被要求完成得尽善尽美。

但是一旦系统中的某些部件遇到了限制，那么技术（或者更准确地说，技术的基本原理）就可能无法再继续向前了。尽管开发商们希望集成电路可以排布得更密集、容纳更多器件，但是在该项技术发展的过程中，总会遇到限制出现的那一刻，比如光刻法最终会受限于光的波长。在雷达发展的早期，人们不断尝试以更高的频率发射信号，以便能够更准确地识别目标。但是在如此高频的情况下，信号发射源将无法维持稳定的功率。一项技术在遭遇局限性后只能就此停步。

限制性障碍令技术投资者大为恼火。[4] 为了进一步发展，遭遇到的每个瓶颈都必须得到认真对待。[5] 令人沮丧的是，限制是不可避免的。假设一个设计没能接近操作的极限，它的效率就不是最充分的，它会继续被要求表现得更充分。

通常，开发人员可以通过更换形成阻碍的零部件（一个次生技术）来克服局限。这种置换可以通过以下方式实现：采取更好的设计或更深思熟虑的解决方案，或者天才地盗用竞争对手的思路等。另一种方法是，用不同的材料，比如强度更大或熔点更高的材料进行替代。喷气式发动

机在开发的数十年间，就一直在不断改用更强、更耐热的合金零部件。事实上，开发者经常寻找的并不是更好的部件，而是这个部件恰好能提供的一个现象。因而，开发者在寻找化学性质相似的材料时最在意的是，哪一种材料在被利用时会出现更有效的现象。的确可以这样说，大多数的材料科学是通过理解材料性能来寻求现象的改善的。

当然，一部分组件的改进需要其他组件也进行适应性的调整。这个过程需要对整个技术再次进行平衡，甚至可能需要重新考量技术的整体结构。20 世纪二三十年代期间，木结构飞机被替换成了金属框架，那使得整个飞机设计都必须重新加以考量。

关于通过内部替换进行改进的过程看起来好像已经很完整了，但是按照我们的递归原理，这个过程也应该是递归性的。技术的改进过程应该伴随着构成次级组件以及次次级组件的零部件的置换过程，也就是说，我们需要将作为客观对象（object，其实更像一种有机体）的技术的发展视为一个在所有层级上的所有组件都同时发生改进的过程。

除此之外，一项技术的发展不仅需要那些内部的、直接的努力，还需要目标技术以外的"外部"改善。这是因为许多技术组件都来自其他技术。几十年以来，航空仪表和控制原理都不断得益于其"外部"的电子领域的发展。技术的发展依托于其构成组件所需的外部发展。

结构深化

内部替换部分地解释了技术为什么会随着发展而变得越加复杂。我们可以将之理解为，替换构件平均来讲要比它们所取代的部件复杂。但那不是重点，真正起作用的另有原因。我将其称为结构深化。[6]

开发人员可以围绕着技术障碍去寻找更好的部件或更好的材料。他们也可以通过加入新的零部件或是添加进一步的零件系统去消除障碍。这时，解决障碍的方法不是调换旧零件，旧零件实际上已经被保留下来了。在极限圈定的范围内，会有其他零件或集成件被添加进来，以辅助已有的旧零件完成工作。因此，当喷气式发动机被要求在更高的温度下运行而导致涡轮叶片开始在极限温度软化时，开发者采取了在叶片旁边添加通风系统冷却叶片，或者在叶片内部添加循环冷却系统的方法。当早期雷达系统接收的回声信号与发射信号因同步而被淹没时，开发人员加入了一组零件（双工器），这可以使发射器有零点几秒的短时关闭，这样回声就可以被清晰地接收到了。

为了突破局限而不断加入次级系统，技术因此发展得越来越精致。技术结构就是这样不断被"加深"或者不断地被设计得更为复杂的。

技术从而变成了重重叠叠的复合体。

驱动技术复杂化的动因不仅在于为完成目标功能而被迫去克服技术限制的尝试。一项技术不仅需要自身运行良好，还需要在外部环境发生变化时也可以应付自如。也就是说，它应该可以安全可靠地应对一系列任务。而在这个过程中，极限无处不在。所以我们可以说，为了克服各种极限，一个技术还需要主动增加次级系统或次级模块以完成如下目的：（1）加强基本性能。（2）对改变或异常进行监视并做出反应。（3）去适应更广泛的任务范围。（4）增强安全性和可靠性。

这一观点不仅限于技术的统筹层级。由于它的次级系统或集成模块本身也是技术，也需要发展，需要被促逼着加强技术总体的性能，所以，通过递归性过程，主动改进过程也会发生。设计者会寻求打破极限

的方法，根据上面（1）～（4）的原理加入次级系统从而加强性能、对环境的改变做出反应、适应更广泛的任务范围、增强可靠性。新加入的集成块或子系统反过来也会被促逼着趋近它们自己的操作极限。设计者将进一步加入次次级系统（sub-subsystem）来打破这些极限。这个过程持续进行着，集成模块围绕提高主模块的工作性能工作，其他次级模块又围绕着集成模块工作，还有其他模块再围绕着这些次级模块工作。性能在系统的所有层级上被提高，技术结构的所有级别都将变得更为复杂。

我们可以从燃气涡轮飞机发动机这个例子来看这个递归性的结构深化过程。弗兰克·惠特尔的发动机原型是用独体压缩机来供应压缩空气进行燃料燃烧的。这是一个径向流动（radial-flow）压缩机：它吸入空气，然后通过快速"旋转"进行压缩。惠特尔熟悉这种压缩方式，之所以选择这种技术，是因为它是达到目的的最简单的设计。但是随着对更好性能的需求，设计师被要求采用更好的组件，即轴流式压缩机来替换径向流动压缩机。它是一个巨大的风扇，其空气流动方向平行于传动轴。但在单轴压缩机阶段，增加压力供应比的极限也只能达到大约 1.2∶1。为了达到更优越的性能，设计师同时使用几个压缩机，并最终将它们按顺序排列组装在一起。但是这个压缩系统的操作需要既能适应高纬度的稀薄空气，又能适应低纬度的高密度空气，并且还要适应不同风速的操作环境，因而设计师增添了导叶（guide-vane）系统来控制吸入的空气。系统因而被精致化了。反过来，导叶系统现在又需要一个可控集成块来感知环境条件，从而对叶片进行相应的调整。这是进一步的精致化。但是现在输出的高压空气会以意想不到的冲击波回冲到压缩机中，这又成了另一个主要的障碍。所以压缩机又需要安装防喘振放压阀这一次级系统对此加以控制，并且要对该系统进行更进一步的精致化。防喘振系统又需要更灵敏的传感、控制系统。此外，还要有更多的精致化过程。

以这样的方式，一项技术（例如压缩机）在性能和使用范围上得到了极大改善，但这是要付出代价的。随着时间的推移，它只能背负着越来越多的老旧的子系统和次级子系统才能正常运转，它要不断处理各种异常情况、被迫扩大应用范围、为防止或应对失败而进一步提供大量冗余设计。

在喷气式发动机的案例中，当技术被促逼时，也会发生为提高性能而主动进行改进的情况。例如，为了提供空战条件下要求的额外的推动力，特意添加了补燃室这个集成件；为了防止发动机起火，特意加入了复杂的烟火警探测系统；为了防止通风口结冰，特意加入了除冰组件。此外，专门的燃油系统、润滑系统、可变尾喷系统、启动系统也都是因此被加入进来的。所有这些反过来又需要控制、传感、仪表测量系统及其子系统。如此一来，飞机性能确实被提高了，现代飞机的发动机动力比惠特尔最初的喷气式发动机要至少高 30 ～ 50 倍，但它们也更复杂了，惠特尔 1936 年的发动机包括一个移动的涡轮增压机以及几百个零件，而它的现代版已包括 22 000 个零部件了。

通过结构深化来改进技术的过程是缓慢的，飞机涡轮增压汽油发动机的改进前后共用了几十年。原因在于，改进过程中不仅要识别新的集成模块及其问题，还必须对它们加以实验、论证，以及对即将涵盖它们的新系统进行重新平衡和优化，而这些都需要时间。

经济因素也在这个过程中帮助控制改进的时机。如果竞争激烈，改进就会加速，如果缺乏竞争，改进就会慢下来。开发人员即使意识到明显

的技术进步，也不一定会予以采用。不论竞争压力是否出现，任何时候发生的技术改进都会被认真进行选择，某个技术上可行的新改进必须是在经济上经过考量，认为值得进行整体的重新设计后，才可能被采用。

就这样，随着新的改进被选择性地采用，技术一点一点向前蹒跚发展。如果遇到某个限制性的阻碍，发展会缓慢下来，致使整个过程显得时断时续。总之，**技术的发展深深依赖于结构的深化。**

结构深化对技术进步的作用往往是巨大的。但是，随着时间的推移，通过不断加入系统、子系统而获得更高的性能之后，新技术也会遭遇硬壳化（encrust）。硬壳化对于一个方法和设备可能不算什么，一旦开发成本、费用已完成分摊，导致的结果可能仅仅是材料或空间使用成本的提高或权重的增加。但对于所谓"非技术性的"目的系统，负担则可能相当沉重，如军事组织、法律制度、高校管理以及文字处理系统都需要通过不断加入子系统或子零件来赢得性能上的改进。只需设想一下税法的复杂性逐步增加的过程就可见一斑，而它只不过是法律制度体系中的一个小分支。这些以复杂性和官僚主义的形式表现出来的"改进"成本是无法分摊的，即使环境已经不再需要它们了，它们还将继续存在并且很难消除。

锁定与适应性延伸

我所描述的内部替换和结构深化这两种发展机制，将作用于技术的整个生命周期。起初，一项新技术被小心翼翼地、试验性地开发出来。后来，当它能够服务于某一特定目的时，它就迅速发展起来，并成为标准工程的一部分。当然，同时，达尔文机制开始起作用，它从许多内部的改进中去选择（通常是通过设计师对前辈的借鉴）更好的解决方案。

技术思想前沿

在新旧原理更替的过程中，旧原理往往已经被锁定了，有 4 个原因导致旧原理通常会存在较长的时间：

- 经过精致、繁复的过程之后，已经成熟的旧原理会表现得比它的新对手好。
- 采用新原理可能意味着改变周围的结构和组织，因为成本过高，所以可能不会被实现。
- 从业者不认可这个新原理带来的愿景或承诺。
- 新原理将使旧知识过时，它在潜在的新原理与安全的旧原理之间制造了一种认知失调以及情感上的不匹配。

当调换部件和结构深化都不能再为提高性能做什么的时候，技术就成熟了。这时候，如果想取得进一步的发展，则需要一个全新的原理。但新原理不能说出现就出现，即使出现了，它想要取代旧原理也不是那么容易的。旧设计、旧原理往往已经被锁定了。

这是为什么呢？一个原因在于，经历如此精致、繁复的过程之后，已经成熟的旧技术会表现得比它的新对手好。新对手们可能潜力无限，但此时它们还处在婴儿期，因而无法马上追赶上那些老道的旧技术。它们的成熟不可能一蹴而就，因此旧技术存在的时间通常比预料的长。

还有一个理由使得旧原理存在的时间要比预料的长，在经济领域即

是如此。即使新的原理发展得很好，表现也比旧原理好，但是采用它可能意味着改变周围的结构和组织。由于这样做成本过高，因而可能不会被实现。在 1955 年，经济学家马文·弗兰克尔（Marvin Frankel）很想知道为什么兰开夏郡（Lancashire）的棉纺厂没有像他们的美国同行那样采用更先进、更高效的机器。[7]他发现，如果在英国设置新机器，的确会更有效率。但是这些新机器很重，如果安装它们，那么安置旧机器的维多利亚时代的砖结构就会被拆除。就这样，"外部"的组件或经营锁定了内部机械，导致兰开夏郡的棉纺厂没有被改变。

还有一个原因是心理上的。旧原理可以持续下去是因为从业者不认可这个新原理带来的愿景或承诺。首创不仅仅是一种新的做事方式，而且也是一种新的看待事物的方法。

还有新的威胁：新原理将使旧知识过时。事实上，有些新原理已经被推广过了或业已存在，但是它们被从业者所摒弃。有时候并不是因为人们缺乏想象力，而是因为它在潜在的新原理与安全的旧原理之间制造了一种认知失调以及情感上的不匹配。社会学家黛安娜·沃恩（Diane Vaughan）谈到过这种心理失调：

> （当我们作为人类去处理情况时，我们会使用）一个由一套假设、期望和经验构成的综合的参照系。所有事物在这个框架的基础上被认知的。这个框架会变成自证实的，因为只要我们能够，我们总是倾向于将这个框架置于经验、事件之上，创造符合它的变故和关系。我们对那些不符合这种参考框架的事物往往采取忽视、误解或否认的态度。结果是，我们通常能找到我们所要寻找的东西。这个参照系是不易被改

变或铲除的，因为我们看待世界的倾向，与我们怎样看待和界定自己与世界的关系是密切相连的。因此，在我们与这个参考框架保持一致的过程中，是有自己的既得利益的，否则我们自己的身份识别就将遭遇危险。[8]

它和新原理的关系也是如此。**新的和已被接受的解决方式之间的距离越大，对传统方式的锁定就越牢固。**因此，迟滞现象（hysteresis）是存在的，即对变化的一种延迟反应。新技术被非常成功的旧技术所阻碍，技术上的转换既不容易也不顺畅。

这种对旧有的成功原理的锁定所引起的现象，我称之为自适应延伸（adaptive stretch）。[9]当一个新的情况出现或要求在其他领域应用时，人们更容易想到用旧技术或旧有的基本原理加以解决，并且会通过"拉伸"它来涵盖新的环境。

NATURE OF TECHNOLOGY **技术思想前沿**	自适应延伸：对旧有的成功原理的锁定所引起的现象。

在实践中，这意味着将旧技术的标准组件重新配置以应用于新用途，或增加更多的集成模块来完成新的目标。20 世纪 30 年代，喷气式发动机的高速高海拔飞行本来可以提前好几年实现，但是设计者当时还不熟悉燃气涡轮机的原理。于是，当军用飞机被迫在空气稀薄的更高的高度飞行时，他们适应性地延伸了当时的技术：飞机活塞发动机。这迫使活塞发动机要打破极限[10]：这些极限不仅包括高海拔氧气稀少，还包括能够将氧气以足够快的速度泵入汽缸的极限，它受氧气在四冲程发动

机系统中燃烧和处理的速率所限。增压器和其他系统的深化被加入进来，用于进行高压快速泵入空气。活塞螺旋桨推进器的活塞部分被独具匠心地精致化了，它被延伸了。较难延伸的是螺旋桨推进器。如果长时间在空气稀薄的高空飞行，螺旋桨推进器就会无法咬合。如果它被促逼着进行更高层次的改进，它就可能走向超音速。如果它被扩大了，拥有了更大的直径，螺旋桨尖部的运动会更快，同样也会走向超音速。一个根本性的极限已经达到了。

这是一个很典型的案例。在发展的某种程度上，旧原理变得很难再进行扩展延伸。这时新原理就有了向前发展的立足点。当然旧原理还会在附近徘徊，但是它已经变成为某个特定目标服务了，而新原理已开始了精致化过程。

我在本章和第 6 章所描述的新原理的起源、结构深化、锁定以及适应性延伸等现象组成了一个自然周期：一个新的原理出现、开始发展、陷入局限、其结构不断被精致化。环境结构和专业熟悉度被锁定在原理及基础技术当中。新的目的和变化的环境出现时，它们通过延伸锁定技术进行适应，从而产生了进一步的精致化。最后，已被高度精致化的旧原理已经超出了它能承受的极限，因此将让位于新的原理。新的基本原理可能更简单，但在适当的时候，它会自己变得精致化。

这个周期循环往复，有时简单性会切入精致化的过程中。精致化和简单性就这样来回交替，直到精致化进程随时间的推移而到达它的边缘。

这可能会使我的读者受到震撼，因为我正在描述的整个循环与托马斯·库恩就科学理论发展所提出的周期描述非常相似[11]。库恩所说的周期肇始于一个新原理（他称之为范式）取代旧原理的新理论模型。新范式之后被应用于许多样本，从而被接受，并进一步在库恩所谓的常规科学中被精致化。随着时间的推移，不适合那个基本范式的例子（异常）逐渐树立。范式会通过伸展来适应这些，但是当异常进一步建立起来时，范式就会越来越勉强。当且仅当一个更新的、更令人满意的解释，即一个新范式出现后，旧范式就崩溃了。

如果想要展现这种对应性，我可以用库恩的术语来重新阐述技术周期。但是用我在本章使用的术语来重述库恩理论将更有趣。我们可以说，一个理论通过面临新的事实和被迫进行新的应用而被促逼着。它的组件可能需要被替换，可能需要更准确的定义，很多已有的构件可能需要重构。当遇到限制（用库恩的话说就是异常）的时候，许多方面就会发生特殊情况：这时真正在工作区附近徘徊的系统就会进行精致化，从而应对这种可感知的限制。这个理论建立的基础是通过加入次级理论来处理困难和特殊的情况。例如达尔文学说就必须加入次级论述来解释为什么有些物种会展现利他性。

理论的发展就是进行精致化的过程，它加入附录、完善定义、添加补编以及特殊结构，其目的在于将所有特例纳入考虑范围。如果特例不太符合理论，理论就会延伸，它就会加入相当于"本轮"①的东西。最终当面临足够的变异时，它的"功效性"就降低了，此时就要寻找一个新的原理或范式。当现存范式无法再被延伸时，新的结构就开始形成。库恩的循环开始往复。

---

① 本轮（epicycle）是天文学中的术语。在"地心说"时代，古人原本认为其他行星按照同一方向围绕地球旋转，但是又发现有的行星在逆行，为了解释这一现象，就提出了"本轮"概念。——译者注

　　我重申这种一致性并不意味着科学和技术是一样的。它只意味着，由于科学的理论体系是目的性的，因此它们遵循同样的逻辑。科学也会发展，碰到局限性，进行精致化，并在适当的时候寻求替换。无论是科学还是技术，其发展变化的逻辑是相似的。

　　本章我们一直在探索技术发展的过程。但我们要注意，它适用于技术所有的部分。新的技术被促逼着陷入局限，并通过优化零部件和深化结构来获得提高。这个过程也同样适用于所有的零部件。发展是非常典型的内部过程。整个技术和它的所有部件并行着。

THE NATURE OF TECHNOLOGY

08
颠覆性改变与重新域定

域并不是若干单个技术的简单相加，它们是连贯的整体，对经济的影响也更大。任何新域，都产生于一个已存在的域——母域，而且参与者开始很少能意识到会发生"颠覆性改变"。但随着理解的深化和实践的固化，新域会慢慢脱离它的母域而横空出世，甚至会极大地提升国家竞争力。

前两章回答了关于个体技术是如何形成和发展的问题，那么，技术体又是如何形成和发展的呢？我将在本章研究这个问题。

许多需要解释的问题似乎都讲过了。如果我们只将技术体（或者如我所定义的"域"）看作构成它们的技术和实践，以及那些随时间不断产出的新技术的总和，那么，好像也不必再用单独的一章来讨论它了。

域实际上并不是单个技术的加和，它们是连贯的整体（coherent wholes），是关于设备、方法、实践的族群，它们的形成和发展具有与个体技术不同的特征。 它们不是被发明出来的[1]，而是通过类似结晶的过程，从一套现象或者一种新技术的可能性当中浮现，并由此开始建构起来的。技术体发展的时间跨度不是几年，而是十几年、几十年。比如，数字域出现于 20 世纪 40 年代，但是直到现在，它依然在扩展延伸。技术体的发展不是某个人或一小部分人能够推动的，而是需要众多的相关利益群体的共同参与才能实现。

域对经济的影响也比单个技术对经济的影响要更深刻。比如，1829

年的火车，即使它在 19 世纪 30 年代进行了改进，在经济上也没有显现太多的回应，但是当包括铁路在内的一个技术的域开始形成的时候，经济不但开始回应，而且随之发生了巨变。实际上，我想说的是，经济并不是采用（adopt）了一个新的技术体，而是遭遇（encounters）了一个新的技术体。经济对新的技术体的出现会做出反应，它会改变活动方式、产业构成以及制度安排，也就是说，**经济会因新的技术体而改变自身的结构**。如果改变的结果足够重要，我们就会宣称发生了一场颠覆性改变。

域是如何进化的

让我们深入本章的主题中去吧！域究竟是如何形成并发展的呢？

域的发展，如我所说，主要是围绕核心技术联合而成的。随着计算机的诞生，其支撑技术，如读卡机、打印机、外部存储系统、程序语言等，就开始在它周围聚集起来。另一方面，则由各个学科领域（产生于现象族群以及相应的理解和实践）的形成和发展所构成。比如，电学和无线电工程的建立就发端于对电子和电磁波的理解。

技术思想前沿 ｜ 域的形成有两种模式：一是围绕核心技术联合而成的，一是从一个现象簇中建构起来的。

无论域是从新技术中"结晶"出来的，还是从一个现象簇中建构起来的，它们都产生于一个业已存在的领域。这是因为它们的起源部分和最初理解必然是有来处的，就是它们所谓的母域。例如，辅助计算并不是从处理器或数据总线中产生的，而是来自 20 世纪 40 年代的真空电子管的元器件及其实践领域。

在开始时，几乎很难将一个新领域称为一个域。它只是将一堆粗浅的理解和方法松散地堆积在一起，此时它能提供的东西很少。当时的经济活动在对待这个新生事物时，一般也都采取保守的态度。但当经济需要时，则会浅尝一下，或者从中做出一些选择，可能就此会形成一个杂交组合的域，也就是说，既有新域的成分，也有母域的成分。早期的英国铁路，斯托克顿－达灵顿专线其实就是在铁轨上跑马车。新域的部件经常都是作为旧域的补充而被征用的。早期的蒸汽机就曾在枯水期将水引向高处蓄水池以帮助驱动水车。

初具雏形的域在很大程度上属于母域的一部分。基因工程 [①] 最初只是其母域（分子生物学和生物化学领域）的一个很小的分支。它主要源于 20 世纪中期的数十年间，对细胞及其 DNA 制造蛋白质的机理的那些理解。到 20 世纪 70 年代早期，生物学家开始逐渐理解了特定的酶（限制酵素）如何在特定的地方分开或者切断 DNA 的，而其他的酶（连接酶）又怎样将 DNA 片段连接在一起，以及另外一些酶怎样控制 DNA 的复制过程。这就意味着他们已经开始理解细胞是如何利用"天然技术"复制基因，并指导它们生产特定蛋白质的。慢慢地，他们开始捕捉这些现象，并尝试在实验室里进行人工复制。生物学家在那时已经开发出一套技术，来完成一些以前只有大自然才能够完成的任务。

就是这样出发，一个新的域开始慢慢浮现。

---

① 这里的基因工程主要是指其医学应用方面：其在本质上是利用基因去生产或控制人类健康所必需的蛋白质。[2]

任何域在其产生的早期，都有类似这样的经验性感觉。但是参与者在这个阶段通常很少能意识到会有一种新的技术体出现。参与者会认为自身正在解决母域中存在的某些特定问题，但最后，新的集群终将获得自己的词汇和思维方式。随着关于它的理解的深化、它的实践的固化，它的每个组件都会经历如我在第 7 章中谈到的那类发展过程。接着，新域会慢慢忘记它的母域，并伺机表明自己已经独立了。这时我们就会意识到，一个新域凭借自身的力量诞生了。

域的生命周期：

- 诞生。解决母域中的特定问题，在理解和实践中固化、发展。

- 青春期。解决发展中的阻碍，产生可行的技术并应用于市场。

技术思想前沿

- 成熟期。市场由狂热走向冷静，新的域以自己的方式深入地影响经济，进入稳定成长阶段。

- 晚年。鲜有重要理念产生，有些域会被取代，但大多数还得以存在并服务于人类。

一个新域在刚开始形成的时候，可能只是一个即将装满技术和实践的工具箱，但在这个工具箱里，最关键的构件在功能上可能还很弱，或者甚至根本还没出现。于是，域的发展会遇到一种意想不到的阻碍，这个阻碍（历史学家托马斯·休斯将其称为"反向凸角"，意指在发展和前进唾手可得之时遇到的阻碍）会引起参与者们的注意，于是所有的努力便会向那里集中。如果努力足够，再加上一点运气的话，域的发展可能就会适时地实现突破。

如果域突破的这个阻碍非常重要，那么就可能产生一项可行的技术，即一个可以实现重大商业应用的手段，或一些可供继续建构未来技术的关键性元素。那些将基因工程带入了生活，从生物的一个分支转化为一个新的生物技术领域的突破是斯坦利·科恩（Stanley Cohen）和赫伯特·博伊尔（Herbert Boyer）在 1973 年对 DNA 进行重组实验时实现的。当时科恩博士一直在研究细菌中的某种质体，那是一个微小的 DNA 循环单位。博伊尔则致力于研究限制性酶，那是一种可以切断 DNA 链条的"分子剪刀"。他们将两种方法合在一起，开发出了一种技术：从一个生物体（在他们早期实验中用的是一种属于非洲爪蟾的青蛙）上切下一段基因，粘到一个质粒当中，然后将质粒插入一个大肠杆菌，它就会带着它的外来基因迅速地进行自我复制。这时细菌就会作为一个小型工厂，生产那个外来基因的蛋白质。

DNA 重组技术最初是粗糙的，还因其可能具有非自然性地创造生命的潜在可能性而引发巨大的争议。抛开争议不谈，这项技术突破了两个基因技术发展的极限：从生物体剥离基因和人工制造蛋白质。

正是由于这样的"扩展人的能力的技术"，新兴的域慢慢进入它的青春期，甚至跨入成年阶段。它现在可以发挥作用了。技术开拓者们开始聚集，市场上会逐渐出现一些小公司。接着，大量的改进随之跟进，机会也随之出现。一个行业开始成长，新的领域开始活跃起来，记者推波助澜，投资者蜂拥而至，争抢非凡的利润前景。基因泰克（Genentech）是第一个基因技术公司，当它宣布上市时，我们曾见证了它的股票价格在首个交易日的 20 分钟之内从其发行价的 35 美元飙升到了 89 美元的过程。在这种情况下，上市的许多公司除了某个理念，其实没有更多的东西可以售卖。基因泰克于 1980 年上市，但是直到两年后，它才真正

拥有并开始销售它的产品——人工胰岛素。

经济学家卡洛塔·佩雷斯（Carlota Perez）曾经探讨了技术革命爆发的那个特定阶段。[3]他指出这种情况通常会引起投资的热潮或崩溃。在基因技术发展的早期阶段，并没有发生投资崩溃的情况，但是崩溃的例子在历史上绝对不在少数。

19世纪40年代中期的英国，到处充斥着对铁路的狂热。"这个国家简直就是一所铁路'疯子'收容院。"洛德·考克伯恩（Lord Cockburn），一位苏格兰法官，曾这样描述过当时的场景。这种疯狂带来了不可避免的金融崩溃。到了1845年，铁路狂热达到顶峰，街边小贩们都在售卖临时股（股票被分成小份），几乎天天都有新的开发计划在冲击着一个又一个不知名的小镇。然后突然间，泡沫破裂了。经济恐怖周开始了，1847年10月16日，铁路股票市值锐减85%，许多银行被迫关闭，英国经济霎时走到崩溃的边缘。当然并不是所有的新兴领域都会伴有金融危机。通常，发生危机的情况都是由于存在一种空间争夺。机会只有那么多，要修建一条铁路，要么在曼联和利物浦之间，要么在伦敦和伯明翰之间，两者只能选一。当然即使存在危机，新的域还是有机会存活下来的。

随着进一步的成熟，新域会开始以它的方式深入地影响经济。最后，它会进入一个稳定成长阶段。早期的竞争狂热结束了，大多数小公司已经消失。幸存者成长为大企业。新阶段有了不同的气氛，它冷静、努力、充满信心并成长稳健。新技术已经找到了它正确的位置，并成为经济发展的潜在部分。这个时期可以持续几十年，是技术成长的稳定时期。英国的铁轨长度从泡沫高峰时期的3 457千米发展到65年后的33 796千米，在此期间它的发展是英国经济增长的动力。

随着时光的流逝，域到达了舒适的晚年。仍然会有新专利被承认，但是这时鲜有重要的理念产生，昔日迷人的域不再灵感迸发。某些域在这个老年时期会被新域取代，然后慢慢枯萎——运河在铁路到来之后就静静地离开了。但是大多数域还得以存在。如果新技术需要，它们会变成老仆，忠实、好用，并且这在很大程度上被视为是理所当然的。和100年前一样，我们仍然在使用桥梁、道路、下水道系统和电气照明。旧时代的技术还在坚持，[4]甚至能使锈蚀的尊严发出光芒，但是我们在使用它们时，却通常视而不见。

并不是所有的域都能完成整个循环，条理清晰地度过青春期、成熟期和晚年几个阶段。一些域每隔几年就会通过重构自身（改变它们的特性）打破周期，亦即它们可能会变异（morph）。[5]

当一个域的关键技术发生了根本性的改变时，它就会发生变异。当晶体管取代了电子管，电子技术就变异了。更常见的变异发生在它主要的应用领域发生变化的时候。在20世纪40年代，计算技术在很大程度上是以辅助战时科学计算为目的的。到了20世纪60年代，大型主机时代，计算技术就以商业和财会计算为目的了。到了80年代，计算技术又改成要为办公室的个人电脑服务了。到了90年代，辅助计算则主要参与互联网服务和商业。现今它又以所谓的网络智能技术为基础了。价格低廉的微型传感器构成的网络现在可以提供看、听、相互进行无线信息传送等功能。当它们被安装到卡车、货架上的产品、工厂的机器上时，它们就能"交流"并集体采取智能行动了。计算技术，如我所说，又一次变异了。

这样的变异常常发生在旧域发展达到顶峰的时候，它会迫使那些域的追随者们改变他们关于这个域的总体看法。但即使是这样的彻底改变，

域的基本原理还是会保持一致；计算技术依然保持将所有对象的操作都还原成数字的方式来完成工作。这就好像同样的演员在后台换了服装再到舞台上出演不同的角色一样。

除了变体，域还会抛出新的次级域，这些新的后代通常有多种来源。互联网或者我们称之为信息技术的这种更一般的域，都是计算和通信域的子孙。它们是高速数据操作技术和高速数据传输技术联姻的结果。这些母域还在，但它们的子孙已经独立了，并且已经向分支领域迈进了。这种变异倾向以及产生新的次级域的倾向使技术体带有了一丝生命的性质，它们不是固定的组合，而是变成了一种微型生态：零部件和实践在任何时候都必须匹配得很好，并在新元素进入时不断做出相呼应的变化，还要不时抛弃一些有不同个性的小的次级群落。

这一切都意味着，域，以及任何暗示技术体的东西，从来不能被条理清晰地定义。它们补充或失去元素，从其他领域借用或交换零件，不时抛弃新的次级域，甚至当它们都相对较好地被定义和固定下来时，它们的角色和实践也会随时间和地点的不同而变化。构成计算技术的元素在硅谷和在日本一定是不同的。

经济的重新域定

当这一切发生的时候，当技术体出现并发展时，会对经济有什么影响呢？

当个体技术出现并发展时，其在经济学上是清晰的。一项新技术，例如贝塞麦炼钢法，一旦被采用并在钢铁生产商中传播，就改变了商品和服务的经济模式。和坩埚钢相比，贝塞麦炼钢法生产的钢便宜了很多，所以钢在经济中被更多地应用了。使用钢的产业（铁路、建筑、重型机械）都会直接从中获益，从而导致其成本和所能提供给客户的东西也改变了，随后应用这些产业的产业也会受到影响。这样的展开具有典型性，就如同牵拉一根丝会引起整个蜘蛛网的伸展和重塑一样，**一项新技术的到来会引起经济中的价格和生产网络在各行各业伸展、重塑。**[6]

类似的过程也适用于技术体。19 世纪 50 年代，铁路的出现不仅使乘坐美国的交通工具的价格更便宜了，也使地区经济中依赖运输的部分获得了调整。[7]在美国中西部地区，有一些产品的价格因为采用铁路运输的关系而变得便宜起来，例如进口物品和必须从东海岸运来的高运输成本的制成品。中西部的其他产品，如小麦和生猪，则涨价了，它们的供应商转而从东部购买了。为铁路工业提供支撑的工业也改变了。美国的钢铁生产在 1850—1860 年的 10 年间，从 38 000 吨飙升到 180 000 吨，产量的巨大提升鼓励了大批量的生产方式被采用。反过来，小麦、制成品和铁在价格和可用性方面的变化也影响着依赖这些产品进行生产和销售的无数工业领域。所以，我们可以说，**如同个体技术一样，技术体也引起了经济模式的扩展性调整。**

虽然这样考虑问题非常有效，但它并不完整。要考察技术体，仅仅做些调整是不够的。想知道它是怎么回事，还得回到标准观点。经济学假设新技术是被"采用"的，它们被接纳并应用于经济中。对于个体技术当然是这样。钢铁生产商采用贝塞麦生产过程，他们的生产能力也相应地起了变化。但这并不能很好地描述多元技术的情况，如计算或铁路技术。我更倾向于认为工业、公司、商业运作等经济要素并不是"采用"了一个新的技术体，而是"遭遇"了它。正是由于这种遭遇，才产生了新工艺、新技术、新兴产业。

那么，这是如何发生的呢？可以将新的技术体看作它的方法、设备、理解和实践的总体，然后将一个具体产业看作它的各组织机构和商业过程的组合，以及它的生产方法和物理设备的组合。它们都属于我先前定义的广义的技术。这两种技术一个来自新的域，另一个来自某个特定的行业，它们聚集起来并相互遭遇，其结果是产生了新的组合。

因此，当银行业在20世纪60年代遭遇辅助计算技术时，我们可以说，记账和会计活动采用了辅助计算技术。但是再具体些，银行业务并不仅仅是采用辅助计算。为了更加精确，记账的某些活动（记账程序和过程）与辅助计算活动（特殊的数据输入程序和一定数值的、文本的程序算法）合并在一起，共同形成了新的功能——数字化会计。结果是来自两个域的一个混合程序成为银行业新的计算程序。顺便说一句，这样的混合也可以称得上是采用。如果近距离观察，采用就是一个待采用领域和来自新的可能域的功能之间的混合过程。

事实上，如果以这种方式形成的新的组合足够强大，它们就可以创建一个新的产业，或者至少一个次级产业。在银行业务电脑化之前的几十年间，它可以设计简单的期权和期货，即一种允许客户可以在未来某个时间点以一个固定的价格来购买或出售某些东西的合同。例如，这种合同允许农民在艾奥瓦州种植大豆，然后在6个月后以固定的价格8.40美元/蒲式耳出售，而不用管那时的市场价格如何。如果价格高出8.40美元，农民可以在市场上销售；如果价格低于指定价格，则农民可以行使期权，用购买期权合约的方式锁定利润。合同的价值是从实际的市场价格导出的，因此它被称为一种衍生工具。

在20世纪60年代，如何能赋予衍生合同一个合理的价格还是一个尚未解决的问题。这在经纪人当中有点黑色艺术的味道，它意味着不论是投资者还是银行，在实践中都不能对此充满信心。但在1973年，经济学家费希尔·布莱克（Fischer Black）和迈伦·斯科尔斯（Myron Scholes）解决了期权定价这个数学问题，而这确立了一个行业可以依赖的标准。在那之后不久，芝加哥贸易委员会创办了期货交易所，衍生产品市场就此启动了。

我们不能肯定地说衍生品交易采用了计算技术，那会贬低这个过程及其后果。毋宁说，是计算技术使衍生品交易得以精确地实现了。对各个阶段（从迅速收集和存储财务数据到计算衍生产品价格的算法，再到解释交易和合同）来说，计算技术都是必要的。所以更准确地说，是衍生品交易的元素遭遇了计算技术，产生了新程序，进而建构了数字化衍生品交易技术。于是，衍生品交易活动大规模发生了。

事实上，实际发生的事有过之而无不及。银行和计算技术相互遭遇后共同创造的不仅是新的活动和产品，更重要的是一套对金融可能性进行的新的"编程"——一个具有操作可能性的新域。在适当的时候，金融工程师会开始为特定目的将期权、交易（交换现金流的合同）、期货和其他基本衍生物组合在一起，来抵御受未来的大宗商品价格的变化或者外汇波动带来的风险。一套新的经营活动就此出现了。这次金融和计算之间的遭遇实际上创造了一个新行业：财务风险管理。

这是一个创造性的转变过程。在很长一段时间里，这类金融风险都是管理的一个问题，最终它在计算技术和数学领域得到了解决。结果是它成为金融业中还在继续发展的、具有创造性的一项新技术，以及银行金融业务在计算机领域中的一次重新域定。

经济的重新域定，是指已有产业去适应新的技术体，从中提取、选择它们所需要的内容，并将其中部分零部件和新领域中的部分零部件组合起来，有时还会创造次生产业。

一般来讲，经济的重新域定就是令已有产业去适应一个新的技术体。但是它们这样做的时候不能只是采用新技术体，还需要从新的技术体中提取、选择它们所需要的内容，并将其中部分零部件和新领域中的部分零部件组合起来，有时还会创造次生产业。而当这一切发生的时候，域反过来也要做出呼应，它会增加新的功能，以更好地适用于那些会用到它的产业。

整个过程在经济中是不均衡的。当不同工业、商业和组织遭遇到新技术，以及以不同的方式和不同的比率重新配置时，会表现出非均衡性。它因小规模经济活动中的变化而向外传播，使商业组织和制度发生变化，最终使社会自身发生变化。一个新版本的经济缓慢地生成了。域和经济互助式地进行共适应（co-adapt）和共创新。

我们将这样的共变（mutual change）和共创（mutual creation）过程称为"颠覆性改变"。经济领域中的每个时代都是某种模式，是在商业、工业以及社会中能够达到逻辑自洽的一套结构，这套结构是由在当时占有主导地位的域来确定的。当新的技术体，如铁路、电气化、大规模生产、信息技术等渗透到经济当中时，旧结构可能崩溃，新结构便取代了它的位置。一度被认为理所当然的产业被废弃了，新的产业诞生了。旧的工作方式、古老的惯例、旧的行业开始显得古怪，工作和社会中的制度安排开始重构。许多事情在经济中保持不变，但是也有许多事情将永远地不同了。

域和经济的共变和共创过程，称为"颠覆性改变"。

颠覆性改变只发生在对经济有改变的重要的域之中的说法是不对的。其实颠覆性改变也发生在不那么重要的域当中。例如，塑料注塑成型技术进入经济领域便导致了小规模的变化。因此，在任何时候，很多颠覆性改变会重叠、互动，共同改变经济。当新的技术体一同进入经济领域并发生作用时，它们就形成了相互一致的结构，并在经济中有了一个大约一致的模式。每个模式的出现可能都会显得很突然，然后会被锁定一段时间，接着再适时地成为下一次颠覆性改变的基础。这样的"奠定"过程，就如同一个地质层覆盖在以前所有的沉积层上面一样。

经济中的时间

所有这些新技术的展开、经济的调试，都需要大量的时间。这解释了经济学中的一个谜团。从启动新域的技术开始建立到新域全面发挥影响，通常需要几十年的时间。电气化的现实技术（电机和发电机）出现于 19 世纪 70 年代，但是直到 20 世纪头 20 年，它们对工业的全面影响才被人们感受到。詹姆斯·瓦特的蒸汽机发明于 18 世纪 60 年代，但是直到 19 世纪 20 年代才开始普及。更近发生的数字化技术，如微处理器和阿帕网（互联网的先行者），在 20 世纪 70 年代初已进入可使用阶段，但它们的影响，即使在目前数字经济模式已经形成的情况之下，依然没有充分发挥出来。如果你接受我们讲述的关于"采用"的故事，就会知道这些延迟一定是人为造成的，因为人们需要时间去寻找做事的新方式，

并确认这么做会改善他们的环境。这样的时间迟延可能会有 5 年或 10 年，但绝不会有 30 年或 40 年。

一旦我们承认发生的不只是一个简单采用过程，而是一个更大的、发生在域和经济之间的相互采用的过程，这个谜就解开了。对于一场颠覆性改变来说，只有基础技术的改变是不够的。一场颠覆性改变的完全展开需要等我们对那些围绕着新技术的活动（企业或商业流程）进行组织，并且直到这些技术也开始适应我们之后才算真正完成。为了实现这一切，新的域必须积累信徒和声誉，必须找到目的和用途；其核心技术必须能够解决障碍，并且填补组件之间的裂缺；它必须发展它的支撑技术，并且将它和使用它的技术桥接起来；它必须理解它的现象基础以及借由这些而发展起来的理论。

市场必须被发现，现存经济结构必须被重构以便利用新域。旧的配置必须接受新域并熟悉其内在实践方式，这就意味着那些运用旧语法的工程师们要重整旗鼓，面对新域。这样做并不轻松。所有这些必须经由金融、制度、管理、政府政策以及可以熟练运用新域的人共同协作完成。

因此，这一进程需要耗用的时间，不取决于人们从开始注意到不同的做事方式到开始决定采用它的这个过程，而取决于将既有的经济结构进行重构并适应新的域需要花费的时间。它可能需要几十年，而不是几年。在此期间，旧技术会不顾自身的劣势和弱点坚持不懈地存在着。[8]

1990 年，经济历史学家保罗·大卫（Paul David）提出过一个可以说明这个过程的经典案例。[9]在工厂还没有实现电气化之前的一个世纪左右，人们依靠蒸汽机提供动力。每一个工厂都有这样一个独立引擎，一个足有几层楼高的巨大的家伙嘶吼着，摇动着一个由活塞、飞轮、滑轮、皮带构成的组合，驱动主轴的运转，然后再继续驱动工厂里其他的机械设备。直到 19 世纪 80 年代，电动发动机才作为新的电子域的主要成员进入了可操作阶段。它们所耗能源成本很低，还可以分解成小单元进行安装。这样一来，每个需要提供动力的工作机旁边都可以安装一台电机。同时它们可以做到被独立控制，可以依据需要被分别开启或关闭。毫无疑问，电动发动机是更优的技术。

那么为什么美国的工厂要花费 40 年的时间才能采用它们呢？大卫发现，新技术要想被有效地使用，需要不同于旧有的、依照蒸汽机布局结构的工厂建筑。也就是说，新技术要求重新建造工厂。这个代价无疑是昂贵的。此外，即使下决心要重建，但对于工厂需要被重构成什么样子，其实并没有清晰的蓝图。电子工程师们懂得新域的知识，但不懂建筑；反过来，工业建筑师懂得建筑，但不懂电气化技术。因而，将新技术与安置新技术的工业布局设计之间进行整合，并将整合之后的知识传播出去，需要大量的时间。这个案例显示，整个过程用了 40 多年。仅有企业和人们对新技术的适应还不够，只有新技术自身也开始适应企业和人，才到了真正有所成就的时候。

从某种意义上说，这一结构变化的过程不仅是在经济中单纯耗用时间，它们在经济中实际上是在定义时间。让我来解释一下这是什么意思。传统时间是以标准的时钟时间进行衡量的，但是这里还有另外一种衡量时间的方式，就是通过新结构的"变化"（becoming）来描述时间。哲学家称之为"关系时间"（relational time），意即如果事情总是保持不变，就没有变化来标注事情正在过去，因而也就没有变化来标注"时间"。从这个意义上来说，"时间"将保持静止。同理，如果结构变化了，宇宙间的事物移动并改变它们自己，"时间"就会显现。

在我们的语境下，变化（经济中的时间）的出现是基于经济基本结构自身的改变。这样的情况通常在两个尺度上发生，一个比较快的尺度和一个比较慢的尺度。较快的尺度可以称它为快时间（fast-time），即新技术的设计、测试及被经济吸收的时间，它会显示事物"变化"的步调，以及新的经营活动和新的做事方式的步调。这将按常规时间尺度中的月或年来衡量。较慢的尺度可以称它为慢时间（slow-time），它会出现在新的技术体进入经济领域时，慢时间在经济和社会中显现为时代。它们共同在经济中创造出了"时间"。这将按常规时间尺度中的数年或数十年来衡量。

不论在哪个尺度上，时间都不会创造经济，反而是经济（或经济结构的改变）在创造时间。

创新与国家竞争力

关于新技术体的建构非常引人注目的一件事是，它们的发展前沿通常会高度集中在一个或最多几个国家或地区。纺织技术和蒸汽技术的发展集中在 18 世纪的英国；一个世纪后的化学技术则在德国得到最大程度的发展；我们这个时代的计算机技术和生物技术则主要是在美国产生和发展的。为什么是这样呢？为什么技术体一定会集中在某个地区而不是平均分散在很多地方呢？

如果技术的力量来自知识，即关于技术和科学的信息，那么，原则上讲，任何一个拥有工程师和科学家的国家都应该和其他国家一样具有创新性。毕竟，大多数国家应用的是同样的科学，同样的学术期刊，同样的知识、事实、真理、理念和信息。

但真正前沿的技术，那些处于边缘的复杂技术并不是源于知识，而是源于别的东西，我将它们称为"深奥的手艺"（deep craft）。深奥的手艺不只是知识，它是一套认知体系[10]：知道什么可能发挥作用，什么不可能；知道用什么方法、什么原理更容易成功；知道在给定的技术中用什么参数值；知道和谁对话可以使事情进行到底；知道如何挽救发生的问题；知道该忽略什么、留意什么。这种手艺性认知（craft-knowing）将科学、纯粹知识都视为理所当然。它整体地来自某种信念的共有文化[11]，蕴含着共同经历的某种无法言明的文化。

这也意味着，它知道如何操纵那些新近发现的还不甚了解的现象，这种认知可能来自当地大学或工业实验室实验性的操作或研究，进而又变成共有文化的一部分。科学，在这个意义上，也是一门手艺。20世纪的前30年，剑桥大学的卡文迪许实验室一直是原子物理学领域发明的聚集地。之所以如此，是因为他们知道如何与原子现象打交道。科学作家布莱恩·卡斯卡特（Brian Cathcart）说过："无论在这个领域知道些什么，不管是技术、设备、数学工具，甚至理论，它都是被某处的某个人知道的……不仅如此，它还需要接受讨论、挑战和考验，有时是在讨论会上，有时是在其他活动中。对于原子物理学的任何问题或困难，在卡文迪许的某个地方，你一定能找到答案。"[12]

这样的认知根植于地方性微观文化中：在某个公司里、某栋建筑中，在某条走廊上。它们在某处变得非常集中。就这一观点而言，没有什么内容是特别新颖的。阿尔弗雷德·马歇尔（Alfred Marshall）在1890年就曾写道：

> 当一个产业为自身找到这样一个地方时，它很有可能

就驻留在那里了：人们在邻近的街区学习相同的行业技术，这使他们获得了很大的收益。从此神秘的行业不再神秘。就像呼吸空气一样，孩子在不知不觉中就知道了很多知识。干得好马上会被欣赏。关于设备、工艺以及企业组织形式的发明和改进都会立即被讨论其优劣与否；一个人有了新点子，可能会被别人借鉴过去，并结合他们自己的想法，从而产生了另一个新点子。不久以后，相关的附属产业就会成长壮大起来，从而为主产业提供工具材料、组织交易，并在很多方面提供有助于构成经济的素材。[13]

自马歇尔时代以来，事情并没有什么改变。如果一定得说有什么区别的话，那就是，行业秘密比以往显得更神秘。这可能是由于它们更多是建立在量子力学、计算科学或分子生物学基础之上。行业秘密或共同认知对于我谈到过的发明、开发以及建构技术体的过程来说，都是完全必要的。所有的建构都需要花时间，且不易转移到其他地方，同时又不可能被完全地记录下来。手艺的形式部分可能最终会成为学术论文和教科书，但真正的专业技能部分则很大程度上藏在它创生的地方，在那里，它被视为理所当然的、共享的，且无须明言。

接下来，一旦一个地区或一个国家因为行业秘密在技术体中领先了，这个地区就会处于更领先的地位。成功会接踵而来，形成对技术的地方性聚集做出的积极反馈或者收益递增效应。一旦一小群公司聚集在新的技术体周围，它就能吸引更多的公司。这就是为什么新的技术体会在一个或两个特殊区域聚集起来，并且很难被挑战。其他地区当然可以为这个新的技术体做出他们自己的贡献，比如参与产品制造或技术改进，但它们不会再有大规模的原创动作了，因为能够提供继续突破所需的详细认知的原产地不在那里。

当然，地区优势无法永远维持。一个地区可以是某些技术体产生的先锋，但是当该地区变得不再那么突出时，它也可能衰落。有时，这种衰落可以通过将一个技术体的专业知识充分嫁接到另一个技术体当中得到遏制。以硅谷著称于世的斯坦福大学及其周边地区，是在 1910 年以无线电报业起家的，而后在 20 世纪三四十年代，它将无线电发报技术大量运用到电子工业中去，从而为计算机行业的诞生播下种子，现在它又开始转向生物技术和纳米技术发展了。当新域从旧域中独立出来或者从大学研究中萌芽之后，区位优势就可能建立起来。

技术中不处于领导者地位的国家和地区也并不是毫无希望的。对一些创业公司给予全面、周到的激励，以及投资一些还没定向的基础科学，都会很有帮助。因为技术总会在不经意间播撒许多带有活性的种子，因此如果种子恰好落到恰当的地方，某个集群过程就可能在某个意想不到的地方产生。

在 20 世纪 80 年代，俄亥俄州阿克伦地区的轮胎行业正面临着全球竞争、产品召回事件的困扰。[14] 几家大型轮胎公司，如 B.F. 古德里奇、凡世通轮胎公司和通用轮胎公司等，都已经撤离该地区。但阿克伦从开创它的橡胶时代之日起就拥有强大的高分子化学（化学分子链）专业知识，它设法将这种优势应用到更广泛的一套认知体系中去，那就是高技术聚合物制造。结果是，阿克伦现在已经成为名副其实的"高分子谷"（Polymer Valley），拥有 400 家从事相关业务的公司。**对一项技术的深层认知可以被利用到另一项技术的深层认知中。**

所有这些都会造成国家间的竞争。[15] 技术的发生始于对现象的深入

理解，而这将逐渐内嵌为一套寓存于人的、地方性自我建构的、深邃的共同认知（shared knowings），并将随时间而发展。这就是在科学上领先的国家在技术上也会处于领先的原因。因此，如果一个国家希望能够引领先进技术，它需要的不是投资更多的工业园区或含糊地培养所谓"创新"，它需要建立其基础科学，而且不带有任何商业目的。它应该在稳定的资金和激励安排下养育那样的科学，让科学在一些初创的小公司中自己实现商业性的发现，并受到最少的干扰，要允许这些新生的冒险者成长、萌发，允许这门科学及其商业应用播种新的颠覆性改变。

这并不是个很容易就能自上而下得到控制的过程。对政府来说，总有一种诱惑让科学去追逐某个特定的商业目标。但事实上，这样很难奏效。如果20世纪20年代的量子物理学曾宣称过要达到什么商业目的，那它一定是以失败告终的。但是，量子物理学带给我们的是晶体管、激光、纳米技术的认知基础以及更多其他东西。

如我在本章所述，应该清楚的是，域的发展和个体技术的发展是不同的。这个过程和喷气式发动机开发中那种专著的、聚精会神的、理性的过程不太一样，它更像是一个系统的法律条款的形成，是一种缓慢的、有机的、累积式的过程。对于域来说，产生出来的不是一种新设备或新方法，而是一个新的表达方式的词汇表——一种为产生新功能而进行编程的新语言。这个过程也是缓慢的。围绕着对一系列现象的松散理解或一种可行的新技术，一个域会逐渐成形，并且有机地建构在支持这些元素的组件、实践和理解的基础之上。当新域到来时，经济会遭遇它并最终改变自身。

而所有这一切都是创新的另一个切面。[16] 事实上，我们可以将前面

4 章看成是关于创新的详细解释。这里没有一种单一的机制，而是大约4 个相互独立的机制。创新存在于新的解决方案转变为标准工程的过程中，其间包含着许许多多微小的进步和修正，它们累积在一起共同推动着实践前进；创新存在于由发明引发的根本性新技术产生的过程中；创新存在于这些新技术在改变内部组件或者结构深化时，因增加组件而获得发展的过程中；创新还存在于技术体从出现到随时间而发展，最后创造性地改变了那些与之遭遇的产业的过程中。

这里谈的每类创新都很重要。并且它们中的每一种都摸得着、看得见，创新不是什么神秘的事。它的发生不是模糊地求助于所谓"创造性"。创新实际上只是另辟蹊径地完成经济的任务。

面对我研究的案例，我一次又一次强烈地意识到，创新总是出现在人们面临问题的时候，尤其是在面对那些非常清晰的问题时。创新总是作为解决问题的方案出现，这些方案是由那些对组合手段或功能着迷的人想出来的。创新的增强可以通过资助创新必需的支撑因素，通过在无数的功能中经受磨炼并培养经验，通过建立专项研究和实验室建设，以及通过当地文化滋养深层认知来实现。但创新不会为某个地区、某个国家或某个人所垄断。它可以发生在任何地方，只要那里的问题能够被研究，并具备形成解决方案的足够多的背景资料。

事实上，创新有两个主要的主题。一个是如何不断在现有工具箱里的零部件及实践中去发现或组合新的解决方案；另一个是产业如何不断将它们的实践过程同那些来自新的工具箱（新域）的功能组合起来。第二个主题与第一个类似，也是关于新的过程和制度安排的创造，是实现目的的新手段，但是它更为重要。这是因为重要的新领域（例如数字领

域）遭遇到的是经济中的所有产业。当这一切发生的时候，域将它们所能提供的解决方案与许多工业领域内部原有的制度安排方式结合起来。结果是，新工艺、制度安排、做事的新方式不仅仅是在一个地区内被使用，而是将贯穿到整个经济中。

最后一个评论。在本章和第 7 章，我都谈论了技术"发展"的问题：当单个技术或技术体成熟的时候，它们都会进入一个可预测的阶段。我本来也可以说它们是在"进化"。每个技术或技术体都有它的后代，所有的分支又会有不同的"亚种"或不同的次级域参与进来，从这个意义上说，它们的确是在进化。但是我还是使用了"发展"这个词，因为我宁愿将"进化"这个词留给整个技术（对一个社会有用的人工物和方法的集合），描述它是如何从那些已经存在的元素中创造出新的元素，并以此为基础进行扩建。

这将是本书的中心议题。我们已经收集了我们所需的全部材料，那么我们现在就开始吧！

THE NATURE OF TECHNOLOGY

09
进化机制

组合是新技术的潜在来源。组合的威力在于它的指数级增长。如果新技术会带来更多的新技术，那么一旦元素数目超过一定阈值，可能的组合数就会爆炸性增长。此外，机会利基也在呼唤着新技术。技术就如同生命体一样，它的进化与生物进化也没什么本质差异。

想象一下，将人类所有的技术都收集在一起会是什么样子。把过去的、现在的、所有曾经存在的各类技术，所有的工艺、设备、部件、模块、组织形式、方法，以及正在应用的或者过去曾经应用过的计算方法都堆在一起，那会是个什么景象？如果我们真能为此列一个目录，那么它的数量将是巨大的。

这是一个技术的集合，现在我们想要探究它是如何进化的。

我一直声称这个集合的进化是个自我创造的过程：**新元素（新技术）的构成来自那些已经存在的元素，而这些新元素又能为进一步的建构提供建构模块**。现在我想要弄清楚这一切发生的机制。

窥一斑可见全豹，你可以从这个集合的一个角落去观察这个技术自创造过程的微缩图景。在 20 世纪初期，李·德·福雷斯特（Lee de Forest）[1] 一直在试验改进无线电信号检测手段，他尝试在一个二极管中再插进第三个电极，他期待他的三极管能使信号放大。因为当时无线电信号传输能力很弱，所以这样的诉求在当时的情况下显得非常强烈。但是他没有成功。在 1911 年和 1912 年期间，包括福雷斯特自己在内的一

些工程师几乎同时致力于如何设法把三极管与已有的电路元件合并起来以生产出一种可行的放大器的工作。对放大器电路与标准元件（线圈、电容器及电阻）进行一些稍有不同的组合之后便产生了振荡器电路，这种电路能产生出被当时社会寄予厚望的东西：纯粹的单频无线电波。当然，它依然需要其他标准元件的配合才能使现代无线电传输机与接收机成为可能。之后还要再通过结合其他元件才能使无线电广播最终成为可能。

而这还不是故事的全部。在一个稍有不同的电路中，三极管还可以被用作继电器：它能作为一个开关，通过控制三极管栅极的电压来开合电路。如果断开开关，继电器可以表示为 0 或逻辑值为"假"；如果连接开关，则表示为 1 或"真"。将继电器进行恰当的组合就可能产生原始的逻辑电路。这样的逻辑电路与其他逻辑电路和电子元件一起工作，就使早期计算机成为可能。因此，在其后大约 40 年的时间里，无论对无线电还是对现代计算技术来说，三极管都是一个承前启后的关键要素。

技术自身创造了自身。它从已有的技术集合中一点一点建构起来。我这里想要做的是详细描述这一切是如何发生的，即技术是如何进化的，它是如何从最初如此简单的形态发展到现在这样一个不同寻常的复杂世界的。

我一直在讲技术是从已有技术中被创造出来的[2]（或者是从已经存在的技术中被创造出来的），让我解释一下为什么事实如此。任何解决人类需求的方案，任何达到目的的新手段，都只有通过使用已有的方法和组件才能使其在现实中实现。因此，新技术的形成（或成为可能）总是源于现有的技术，而且总是如此。如果没有压缩机和燃气涡轮机，没有机床来制造这些高精度的机器，喷气式发动机是不可能产生的。聚合酶链式反应是将分离 DNA、解旋、附上引子、重建双链 DNA 等方法组合起来完成的。这是一种对已经存在的事物的组合。

读者可能会反对说，应该也有例外，比如青霉素。作为一种治疗的手段，青霉素是技术，但它似乎并不是以往技术的组合。但请思考一下：把弗莱明发现的基本现象转变为一个可行的治疗手段是需要一套非常明确的已有技术的。它需要生化过程去隔离霉菌中的活性成分，需要其他程序对其进行纯化，还需要生产和传送等过程。青霉素技术在这些手段和方法方面都有它的母系或来处，它不可能在一个不具备这些支撑元素的族群中产生。所以，是现有的手段使青霉素技术成为可能的。**所有技术产生于已有技术，也就是说，已有技术的组合使新技术成为可能。**

当然，造就一个使新技术成为可能的元素可能不仅需要单纯的物理条件，还需要其他包括生产或装配等在内的条件。确证技术的亲子关系也并不容易：将青霉素带到世界来的技术和方法有许多种，那么，哪一个才算是它的父母呢？我们可以说一定是那些重要的技术和方法，但当你想确定哪些是而哪些不是时，在某种程度上只能凭感觉行事了。但是，这并不会干扰我的核心观点：所有技术的产生（或成为可能）都源自以前的技术。

这又将我们置于何处了？严格来讲，我们应该这样说，新元素形成的可能性是由既有元素促成的。但如果说得宽泛些，那就是，技术是从已有的技术中产生的，是通过组合已有技术而来的。正是在这个意义上，技术集合中新元素的产生（或成为可能）源于已有的技术集合，结果就是技术创生于技术自身。

　　当然，说技术创造了自身并不意味着技术是有意识的，或能以某种阴险的方式利用人类为它们自身的目的服务。技术集合通过人类发明家这个中介实现自身建构，很像珊瑚礁通过微小生物自己建构自己一样。所以，假如我们把人类活动总括为一类，并把它看成是给定的，我们就可以说，**技术体是自我创生的，它从自身生产出新技术。**或者，我们可以采用温贝托·马图拉纳和弗朗西斯科·瓦雷拉自创的一个词——自创生，来描述这种自创生系统，这样就可以说技术是自创生的（autopoiesis）。这个词的希腊语是"自我创造"（self-creating）或"自身涌现"（self-bringing-forth）的意思。

　　自创生看起来有些抽象，更像某种系统的哲学理论。但事实上，它告诉了我们更多东西。它告诉我们，每一个新技术都是从已有的技术中来的，因此每个技术都站在一座金字塔之上，而这座金字塔又是由别的技术在更早的技术之上建立的，这个连续的过程可追溯到最早人类捕获的现象。它告诉我们所有未来的新技术都将来自现存技术（也许是以一种不明显的方式），因为它们都是构成未来新元素的元素，而这些新元素将最终使未来新技术成为可能。它告诉我们，历史是重要的：如果技术由于某种偶然以不同的序列出现，建立在这些技术之上的技术也会不同。技术是历史的产物。它还告诉我们，技术的价值不仅在于可以用它做什么，而且在于它进一步可能导致什么。技术专家安迪·格罗夫（Andy Grove）曾经被问：网络商业的投资回报是什么？"这好比是在问正在注视着新世界的哥伦布，"他答道，"什么是他的投资回报呢？"

　　自创生给人一种感觉：技术是通过扩展延伸到未来的，也给了我们一种去思考人类历史中的技术的方式。通常，历史呈现的是一套发明，它们发生在不同的时间，并且是不连续的，有时会有一些交互的影响。

如果我们用这个自创生的观点重新回溯技术的起源方式的话，这个历史看起来会像什么？让我在这里做一个简略的回顾。

最初，第一个被利用的现象是自然界能直接呈现的。[3]有些材料被切削时出现了薄片状，这就是燧石或黑曜石带刃工具的根源；重物在坚硬的表面上可以碾碎东西，这是碾磨草药和种子的根源；柔韧材料通过弯曲可以蓄积能量，这是用鹿角或小树杈制成弓的根源。这些现象自然地直陈在大地上，使原始的工具和技术成为可能。接下来，这些原始工具技术再继续使其他技术成为可能。火使烹饪成为可能；挖空的原木使最原始的独木舟成为可能；烧制使陶器成为可能。由此又开启了更多其他的现象：某些矿石在高温下产生可以被塑形的金属，又因之产生了武器、凿子、锄头以及钉子。元素的组合就此开始发生：用纤维编织的带子或绳索被用来将木柄和金属绑到一块，这样就组成了斧子。技术和工艺实践的集群开始出现了，如染色、制陶、纺织、采矿、打铁、造船。风和水被用作能源。滑轮、杠杆、曲柄、绳索、齿轮的组合出现了，这些早期的机器被用于碾磨谷物、灌溉、建筑、计时。围绕在这些技术周围的工艺实践随之也有了进步。还有通过实验过程获取的对一些现象及其应用的粗浅理解。

随着时间的流逝，这些理解提供了近距离观察现象的方法，随后对这些现象的利用开始系统化起来，也就是开始使用科学的方法——这是现代纪元的开始。化学、光学、热力学、电学的现象开始被理解和应用，通过仪器的使用（例如温度计、热量计、扭秤）达到了精确的观察水平。技术的巨大领域开始运作，如热机、工业化学、电力、电子等。借由这些，人们又发现了更进一步的现象：X射线、无线电波传输、相干光等。进而是激光、无线电传输以及逻辑电路元件的不同组合——现代

通信和计算就此诞生了。

就是这样，由少及多，数量多了就成了专业的，专业化以后再发现更多的现象，使更好地利用自然法则进一步成为可能。到了现在，随着纳米技术的来临，被捕获的现象可以自己直接再去捕获现象，通过去移动和放置材料中的单个原子来达到更进一步的特定目的。所有这一切都起步于地球最初的自然现象。如果我们当初居住的世界具有完全不同的现象，我们就会拥有不同的技术。照此看来，从人类的角度来衡量，这是个漫长的过程，但从进化的角度来衡量，这却是一个短暂的过程。技术体就这样被它自身建立、深化、专业化、复杂化了。

我在这里说得简略，我没有谈到这一切发生的机制。在这章的剩余部分，我要去详细阐述技术进化的实际机制。这些将是我的理论的最核心部分。

请允许我先谈谈主导技术发展的更大力量，然后再把镜头推向更具体、更细节的机制。其中一股力量当然是组合，我们可以将它视为现有的技术体"供给"新技术的能力，无论是将现有的零部件进行总成，还是用它们捕获现象。另一股力量是需求，对要完成目的的手段的需求，还有对新技术的需求。将这些供给和需求整合在一起，就产生了新元素。让我们逐一对比加以讨论。

组　合

关于组合，我已经说了很多。但是，作为新技术诞生的潜在来源，它到底有多强大呢?

当然，我们可以说，随着技术数量的增加，组合的可能性也相应提高。事实上，威廉·奥格本早在 1922 年就已观察到这一点："可用于辅助发明的东西越多，发明的数量就越大。"[4] 事实上，他预期物质文化（技术）的增长显示出"和复利曲线的相似之处"。如果他能在今天进行写作，他会说技术是按指数级增长的。

奥格本对他的指数推断没有给出理论上的支持，但我们可以提供一些，这只需要一些简单的逻辑。假设一个技术集只包括技术 A、B、C、D 及 E。新的可行的组合可能包括不同结构的模块（例如 AED 或者 ADE）。并且它们可能不止一次包含同一技术：其中可能有冗余（例如 ADDE 和 ADEE）。但是让我们保守一点，只纳入包括或没包括建构模块的可能性。即没有不同的体系结构，也没有冗余。这就可以使我们有诸如 AB、AE、BD 这样的双重组合的可能性；或者像 CDE、ABE 那样的三重组合；以及类似 BCDE、ACDE 那样的四重组合等。

到底有多少这样不同类型的组合？在给定的新组合中，每种技术，A、B、C、D、E 可能出现或不出现。这样就有 A 或 B 或 C 或 D 或 E 出席或缺席——对于 A（出席或缺席）有两种可能，然后是 B 出席或缺席。从 A 到 E 计数之后，就是 2 乘以 2 乘以 2 乘以 2 乘以 2，即 2^5 共 32 种可能性。我们需要减去仅有一个技术出席的情况，即仅有 A 或 B 或 C 出席（这些不是组合），以及 0 个技术的情况，即没有建构模块呈现。我们现在用 32 减去原初的 5 种情况，再减去 0 技术的情况，余下 26 种可能性。一般而言，对于 N 种可能的基本元素，我们会得到 $2^N–N–1$ 种可能的技术。对于 10 个模块元素，我们有 1 013 种组合的可能，20 个模块元素则有 1 048 555 种可能，30 个模块元素则有 1 073 741 793 种可能，40 个模块元素则有 1 099 511 627 735 种可能。这种可能的组

合以指数方式变化（例如以 2 的 N 次方变化）。对于任何特定数量的模块，组合的可能性是有限的，在数量很少的情况下，它们看起来并不很大，但是一旦超出这些小数量，它们就立即变得极为庞大起来。

当然，并不是所有的组合对工程都有意义。GPS 的芯片技术可能需要很多可能性，而与喷气式发动机相比，鸡窝需要的可能性则可谓少之又少。但只要模块可以由一套既定的模块制造出来，即使是百万分之一的机会也是起作用的，其可能性依然是（2^N–N–1）/ 1 000 000 或大约是 2^{N-20}。也就是说，它们还是以指数模式增长的。

必须承认，这样的计算是粗略的，但是我们可以用几种方式来加以改善。我们可以认为许多组合不具经济学意义，因为相对于要实现的目的而言，它们过于昂贵。还有一些，如激光或蒸汽机，可能引发一连串进一步的装置和方法，而另一些可能什么也留不下。我们可以允许同样的组件在不同的结构中多次使用。仅仅一个电子部件，如晶体管和其自身的复制品构成的组合就可以创造出巨量的逻辑电路。细微的改良有很多，但我想提请读者注意的，也是我尝试表明的观点是，即使是这些粗略的组合论，它们也表明了：如果新的技术会带来更多的新技术，那么一旦元素的数目超过了一定的阈值，可能的组合机会的数量就会爆炸性地增长。用相对较少的模块进行组合，就会有无限的组合。

技术的进化机制就是"组合进化"。所有技术都是从已经存在的技术中被创造出来的。如果新的技术会带来更多的新技术，那么一旦元素的数目超过了一定的阈值，可能的组合机会的数量就会爆炸性地增长。有些技术甚至以指数模式增长。

机会利基

即使已有技术的组合为新技术提供了一种潜在的"供应",它们也只会因出现了某种需要,或说某种"需求"而产生。事实上,需求不是一个恰当的词。因为在青霉素或核磁共振还不存在的时候,根本无法在经济中对它们提出明确的需求。因此不如说我们应该谈论的是技术的机会——即技术可以有效地占据的利基。机会利基(opportunity niches)的出现召唤新技术的诞生。

那么在人类社会或经济中,究竟是什么导致了机会利基的产生?

显而易见的答案是,人类的需求产生了社会利基。我们需要被遮挡、被喂养、迁移、保持健康、穿衣以及娱乐。有一种倾向认为,这些需求是固定的,就像有一个带有子目录的需求清单。但是当你深入其中任何一个类别的需求时,比如住的需求,你会发现它不是固定的,它将在很大程度上取决于社会发展的状态。我们想要的庇护场所(住房)在很大程度上取决于什么人住在什么里面,什么人拥有什么,什么人标榜什么,这就如同在瞥了一眼《建筑文摘》之后需要做出确认一样。当基本的需求被满足,社会达到一定程度的繁荣之后,这些"需求"开始像血管扩张那样进行分化。对娱乐的"需求"在早期的社会是通过公开的展示或讲故事来完成,而现在则需要全套的体育运动、戏剧、电影、小说、音乐。在这些基本需求得到满足后,就会又有新的分支繁衍出来——例如,我们有许多种类型的音乐。

对机会利基产生的原因来说,应该还有别的答案。人的需求不仅是由技术带来的社会繁荣创造的,而且还直接来自技术自身。一旦我们有办法诊断糖尿病,我们就产生了一种人类需求,一个机会利基—— 一种

对控制糖尿病的手段的需求。一旦我们拥有火箭技术，我们就会产生一种对太空探险的需求。

和许多人类生活的其他方面一样，我们的需求是精致细腻的：它们对社会状况的依赖既精妙、轻松，又复杂、异常，它们会随着社会的繁荣而愈加复杂。由于是技术促进了社会的繁荣，所以也正是技术促进了需求的成长。

技术思想前沿

机会利基的出现召唤新技术的诞生，绝大多数机会利基的产生缘于技术自身，这是因为以下 3 个原因：

- 每项技术通过它的存在建立了一个能够更经济或更有效地实现其目的的机会。
- 每项技术总是需要另外的支撑技术来制造它，这些支撑技术又需要它们自己的次级支撑技术。
- 技术经常引发间接性的问题，这会产生需要提供解决方案的需求或者机会。

但这还远远不是答案的全貌。绝大多数技术创造的利基市场不是缘于人类的需求，而是缘于技术自身。之所以如此，原因很多：其中一个原因是，每个技术通过它的存在建立了一个能够更经济或更有效地实现其目的的机会；另一个原因，每项技术的存在总是需要另外的支撑技术来制造它，组织它的生产、分配、供给，提高它的性能等，而这些支撑技术反过来又需要它们自己的次级支撑技术。

汽车在 1900 年创造了一套与之配套的需求（机会利基市场）：需要流水线生产方式，需要铺设道路和汽油提纯，需要维修设施和加油站。

接下来,汽油又产生了进一步的需求:炼油厂、原油进口以及石油的开采。

技术之所以能够催生机会利基,还有第三个原因。技术经常引发间接性的问题,这会产生需要提供解决方案的需求或者机会。在17世纪的时候,欧洲比较容易开采的矿山储备都被开发殆尽了,进一步的开采需要深层采掘技术。渗水此时成为一个很大的问题,因此需要更有效的排水手段。这一问题在1698年由托马斯·萨弗里(Thomas Savery)发明的一款原始版的蒸汽机解决了(尽管不太成功),他号称这是一项"以火力推进的、用于排水以及所有类型工厂所需动力的新发明"。

对于我们的论题而言,我们不需要一个关于人类和技术需要如何形成的完整的理论。但是我们却必须意识到,这个系统不仅包括技术创造技术,也包括技术创造的机会利基对技术的召唤。我们还需要意识到,技术的机会利基不是固定和既定的,而是在非常大程度上由技术自身产生的。**机会利基市场随着技术体的变化而变化;它们随着技术体的生长而生长,并逐渐复杂起来。**

核心机制

这些驱动的力量给我们提供了一个宏大的图景,已有技术的组合提供了新技术的可能性:一种潜在的供应。而人类和技术的需要又创造出了无数的机会利基市场:一种需求。随着新技术的出现,需要进一步驾驭和组合的新机会持续出现着。所有这一切都自展式地前行。

那么这种自展是通过什么具体的步骤、机制来实现的呢?

可以将技术体看作一个网络,这个网络是自我建构的,并且有机地

向外部生长。在这个网络当中，每个技术（我会将它称为元素）都表现为一个点或节点。每个节点都和指向它的母节点相连，正是这些母节点使这些新节点成为可能。当然，在给定的时间之内，并不是所有的技术都会被积极地应用到经济当中。可以设想有些节点或元素是蓄势待发的，我将这些元素称为"活跃技术体"：这些元素在经济上是可行的，并被应用在当下的技术中。另一些元素，如水车以及帆船，则在本质上已经死了，它们从活跃技术体中消失了。它们有可能在新的组合中被重新启用，但是这种情况很少发生。

新技术不时地加入活跃技术体，但不是整体性加入。活跃的网络在一个时间点可以在某地迅猛发展，而在另一些地方却完全不行。有一些元素通常伴随着最近被捕获的现象（例如 20 世纪 60 年代的激光），它们会迅速生产出进一步的元素；而另一些成熟并已建立起来的元素，如索尔维制碱法，则已经没有后代诞生了。活跃网络的建构是不均衡的。

随着活跃技术体中元素的增减，利基市场的集合也发生变化。我们可以将这些需求想象成被发布在一个巨大的布告栏中。（我们可以认为工程师和企业家正在观看这个布告栏并对此做出反应。）每个新元素都必须满足布告栏上至少一个需求或目的。随着新元素加入网络，那些曾经满足过目的的旧元素，或者那些不再具备经济性的元素会脱离网络，它们的机会利基市场也会在布告栏上消失。调节所有这些的力量是经济。我们可以把经济看作这样一种体系：它决定成本和价格，并因此标注需要新元素完成的机会，同时决定哪位候选人可以进入活跃技术体。（到目前为止，我还是会将经济作为给定的黑箱来对待。对此我将在第 10 章进行更多的讨论。）

让我们探寻一下技术的活跃网络是如何建立起来的。它通过长期以来借由一系列新技术的可能性，并与当时的机会利基遭遇而发生了进化。它们的每次遭遇都是工程的和经济的。候选的解决方案对于要达成的目的而言，必须在技术上"可行"，才会被予以考虑，而其成本则必须符合市场支付意愿。符合这些条件的技术是达到当时目的的潜在的"解决方案"。这样的解决方案可能同时有几个，最终加入活跃技术体的元素就来自其中。

我们最初的认识更多不是来自技术的稳定聚集，而是新元素和机会利基的形成过程，以及它们的变迁和消失。这个过程是可计算的：它是按照离散步骤进行的。我们可以从假设一个备选新技术的出现开始，它已经借由先前的技术的组合成为可能，并且已经击败了竞争对手进入了经济领域。接下来会有 6 件事情或 6 个步骤发生。我们可以把它们看作这个技术建构游戏中的法定步骤。我可以对此进行抽象的阐述，但读者可能发现，如果这时心中有一个现成的技术案例，将会对理解它们很有帮助，比如说晶体管。

1. 新技术作为新元素进入活跃技术体，就变成活跃技术体中的一个新节点。
2. 新元素可能取代现有技术或现有技术的零部件。
3. 新元素为支撑技术和制度安排建立进一步的"需求"或机会利基。
4. 如果旧的、被替换了的技术逐渐退出技术体，它们的附件也要被丢弃。随其而来的机会利基也将和它们一起消失，填补了机会利基的元素也可能就此不再活跃。
5. 作为未来技术或未来元素的潜在元器件的新元素将活跃起来。
6. 社会经济（商品和服务的生产和消费模式）会进行重新调整以适应这些步骤。成本和价格（也因此成为刺激新技术产生的诱因）也会做出相应的变化。

就这样，晶体管在20世纪50年代进入了活跃技术体（步骤1）；在众多的申请者中脱颖而出取代了真空管（步骤2）；建立制造半导体设备的需求（步骤3）；导致了真空管工业萎缩（步骤4）；成为许多电子设备的主要组成部分（步骤5）；迫使电子设备的价格和诱因做出改变（步骤6）。

但这样罗列下来，事情看起来太前后有致了。在实践中，它们其实并不能这样干净利落地前后相继、井井有条，而经常是并行发生的。还是以晶体管为例，一个新的技术变成一个潜在的模块（步骤5），在它一出现就形成了（步骤1）。而新机会（步骤3）的出现也和新技术的出现如影随形（步骤1）。当然，这些步骤当中的任何一个都需要耗用时间来完成。技术通过经济进行传播需要时间，而经济反过来又需要很长时间来适应新的技术。

如果这些步骤都是按次序在每个时段发生一步，技术体的建构过程就有其方法了。每一个新的可能性将添加一个元素，然后其他5个步骤就会及时跟进。但一些更有趣的事发生了。每个步骤都可能勾动一连串的其他步骤。一种新技术可能会导致对该技术体的一系列进一步的增补（通过步骤3和步骤5）。价格的调整（步骤6）可能造成某个备选技术突然变得切实可行并进入活跃进程（步骤1）。所以，这些步骤自身就可能引起新一轮的对技术体的添加。每出现一项新技术都可能启动新的事件，且永无尽头。

还有另外一种可能性。一种新元素不仅可以引起它所替换的技术的崩溃（步骤2），而且还能引起依赖被替换技术的需求的那些技术的崩溃（步骤4）。随着这些次级元素被替换，它们的从属机会利基也就崩溃了，占据这些从属机会利基的技术也一起崩溃。20世纪早期，汽车的出现引起了对马车运输的替换。马车运输的死亡又引发了铁匠和马车制造的消逝。铁匠的消逝反过来又导致了铁砧制造的消逝。崩溃呈现一种逆向链式的规律。这不太像熊彼特所说的"破坏性创造风暴"（gale of creative destruction）[5]，即新技术会消灭广泛存在于经济中的某种商业和工业。相反，它是一个多米诺骨牌式的连锁崩溃，或可称之为"雪崩式的毁灭"。

具有创造性的一面是，正如熊彼特指出的那样，新技术和新工业取代了那些崩溃了的技术或工业。我们可以补充的是，新技术可以轻易地建立起新的机会利基，去静待更新的技术来占据它，而更新的技术又会建立更新的机会利基，更新的机会利基再一次等待更更新的技术来占据。这里也有机会创造的雪崩，也许我们应该称之为**风潮**（winds）。

所有这些活动同时在网络的许多节点上发生着。如同生物圈物种的建构一样，这是一个并行过程，而且毫无规则可言。

我刚才所谈的是关于技术进化的一种抽象的步骤、一种算法。如果我们以几个原始技术开始，然后在头脑中想象这个运动着的系统，我们会看到什么呢？我们是否能看到任何类似我早前所做的关于技术进化历史的那种描述？

好吧，如果我们想让运算法则起作用的话，首先，过程是缓慢的。不仅技术是稀少的，机会也是稀少的。曾几何时，达成一个目的只需要通过驯服某些简单的现象就可以实现，比如在我们人类历史中对火的应用，或者利用藤条进行捆绑。但是这些原始技术提供了机会，至少提供了进一步改良的机会。当机会匹配了，其他的原始技术就会出现，也有可能替换已有技术。技术的积累建立起来了，可用的模块也随之积累起来。机会利基的囤积同样建构起来了。新的组合或技术融合开始成为可

能。当新的模块形成，进一步组合的机会就增加了。此时建构过程就变得忙碌起来。组合开始成型于组合，这样一来，原本简单的东西现在变得复杂起来。组合替换了其他组合中的零部件。机会利基开始多元化起来。随着新组合创造更新的组合，系统中的元素出现了爆炸性增长。而随着被替换组合连同其支持技术的机会利基一起被替换，解构的雪崩就开始了，这又引起满足这些机会利基的技术以及支持这些技术的机会利基的进一步消失。这种坍塌因规模和持续时间不同而不同：有一些坍塌的规模很大，大多数则很小。从整体来看，技术集合的总规模在增长。但是活跃技术体部分也各具规模，并且如我们期望的那样，展现了一个随时间增长的网络。

这种进化一旦开始就没有任何理由结束。

关于进化的一个思想实验

我已给出的图景是想象出来的，它是一个关于技术进化的机制如何运作的思想实验。[6]假如我们能以某种方式在实验室中或者计算机上实现这些步骤的话就更好了——比弄出某些技术进化模型来要好。这样一来，我们就可以在现实中观察这种进化了。

但要实现这种设想很困难。技术在形态上大相径庭，而且识别某些组合（例如造纸和哈伯制氨法）是否有用或有什么用，对计算机来说非常困难。但是我们可以把自己限定在某个技术世界之内，它可以在计算机上发生进化，这样一来，我们就可以对其进行研究了。

最近我和我的同事沃尔夫冈·波拉克（Wolfgang Polak）建立了一

个在计算机上展现的人工世界。在我们的模型世界中，技术是逻辑电路。某些读者可能不熟悉这些，那就让我先解释一下。

我们把逻辑电路看作带有输入和输出针的微电子芯片。输入给定电路是二进制形式的数字 1 或者 0，或者也可能是真和假的某种组合，代表那些目前实现的情形。这样，输入一架飞机的逻辑电路的信号可以检查该引擎在 A、C、D、H、K 哪种情况下为真或为假，以此表明某种状态，比如说燃料条件、温度或压力；输出针则发出信号，指示开关 Z、T、W 和 R 应该"开"（真）或"关"（假），以此来控制发动机。电路会因目的不同而不同，但对于每一组输入值，给定电路会在输出针安排一套特殊的输出值。有趣的是，计算电路和运算法则中的操作是相符合的，例如和：输出值是所有输入值的加和；或者它们是符合逻辑操作的，例如，3-bit AND（即如果所有输入针 1、2 和 3 都为真，那么输出针信号则为真，否则为假）。

研究逻辑电路的工作对我和波拉克有两个好处。我们始终知道逻辑电路的准确功能。如果我们知道一个逻辑电路是如何连接的，我们（或计算机）就可以准确找出它究竟做了什么。如果计算机将两个逻辑电路组合在一起，这样一个电路的输出就成为另一个电路的输入——这就给了我们另一个逻辑电路，而我们依然知道它明确的功能。因而，我们总是知道组合的功能以及它们的有效性。

我和波拉克想象我们的人工世界住满了人，有小逻辑学家和小会计师，他们在这个逻辑的世界里急于统计、比较事物。一开始，他们没有工具或手段，但是他们有长长的需要某些特定逻辑功能的需求清单。他们可能需要能运行 AND、Exclusive-ORs、3-bit addition、4-bit EQUALS

等指令的电路。（为了简单起见，我们假定这个需求清单或者机会利基清单是不变的。）我们计算机实验的目的是要知道技术系统（逻辑电路）能否进化，即能否通过组合已有的元素去填充清单上的机会利基，并在进化发生时对它进行研究。

正如我所说的那样，在实验开始的时候，没有机会利基得到满足。所有可用的技术只有 NAND（不是 AND）电路（可将此看作原始的电路元素，一个不会比几个晶体管更复杂的电脑芯片）。接着在实验的每个步骤中，新的电路会通过组合（随机地连接电线）被创造出来。（开始的时候，它们依旧只是 NAND 电路）。当然大多数新的随机组合将和需求失之交臂，但是总会有一次组合可能偶然地与清单上的需求相匹配。这种组合一旦出现，计算机马上得到指令将此作为一个新技术或新的模块元素纳入其中。此后它就成为进一步连接和组合电路的有效模块元素了。

波拉克计算机里的这个技术进化实验是自主运行的存在，一旦我们按回车键启动实验后就没有任何人为介入了。当然它可以被一遍一遍地重新启动，以此来比较每一次重启之后有什么不同。

我们发现了什么呢？开始时，只有 NAND 技术存在，但是在成百上千步组合之后，满足简单需求的逻辑电路开始出现了，并且成为进行进一步组合的建构模块元素。在应用这些模块进行组合之后，能满足比较复杂的需求的技术出现了。在大约 25 万步组合（20 小时的电脑运行时间）之后，我们停止了它的进化并开始检查结果。

我们发现，在足够长的时间之后，系统已经进化成极为复杂的电路：在其他一堆方程式中，还有 8-way-Exclusive OR、8-way AND、4-bit

Equals。在运行几轮后，系统进化出一个 8-bit 加法器，这是一个简易计算器的基础组成部分。这看起来好像没什么特别了不起的，但实际上它是惊人的。一个 8-bit 加法器拥有 16 个输入针和 9 个输出针。如果你再次运行一些简单的组合数学，结果是超过 10 的 177 554 次方的可能性会产生 16 个输入针和 9 个输出针的电路,但是其中只有一个可以正确运算。10 的 177 554 次方是一个巨大的数字，它远远大于宇宙中基本粒子的数量。事实上，如果我想把这些数字写下来，它可能会占去这本书一半的页数。因此，这样一个电路被 250 000 步随机组合发现的机会是可以忽略不计的。如果不知道这种进化的运行过程，在实验结束打开计算机屏幕时，当你发现电路已经克服那么长时间的试错从而进化出一个能正确运算的 8-bit 加法器时，你一定会惊讶于出现了这么复杂的东西。你可能会猜想机器里住着一位天才的设计师。

我们这个过程之所以可以产生这样复杂程度的电路，是因为它首先创造了一系列"垫脚石技术"（stepping-stone technology）。它能够创造满足简单需求的电路，以这些电路为模块，再创造中等复杂程度的电路。然后再用它们创造出更复杂的电路，以自展的方式解决复杂需求。更复杂的电路只有在那些简单电路就位之后才能被创造出来。因为我们发现，当我们取消聚集了垫脚石技术的中等复杂的需求后，复杂需求将无法得到满足。

这表明，在现实世界中，如果没有无线电或对无线通信的需求，雷达可能不会得到发展。生物界也是如此，[7] 如果没有中间层级的机构（例如从黑暗中辨别光的能力）以及相应的"需求"（从黑暗中辨别光的能力的有用性），诸如人眼等复杂的生物特性是不会出现的。

此外，我们还另有斩获。当我们检视进化的历史细节时，我们发现了一个巨大的时间缺口，在这个缺口里几乎什么都没有发生。然后我们发现一个关键电路（一个新技术）会突然出现，并且迅速将它用于更进一步的技术。一个完整的加法器电路可能需要 32 000 步才能出现；而之后 2-bit、3-bit、4-bit 加法器的出现则迅速得多了。换句话说，我们发现了休眠周期，以及随后的缩微版 "寒武纪大爆炸" 式的快速进化。

我们发现，进化是具有历史依赖性的。实验中每次运行都会出现相同的简单技术，但是出现的顺序则不同。因为更复杂的技术是从简单技术中建构出来的，所以它们常常组合于不同的模块。（如果铜在铁之前出现，许多人工物就会用铜制造；如果铁比铜早出现，则同样的人工物会用铁来制造。）我们还发现，某些对电路的复杂需求则根本得不到满足，比如带有许多输入针（每次都不一样）的加法器或者比较器便是如此。

此外，我们还发现了崩溃式破坏，即高一级技术代替之前的功能执行者。这意味着那些仅用于过时技术的电路不再被需要了，因此它们自己也被替代了，于是便产生了崩塌——我们可以对此加以研究和测算。[8]

我们可以以这种方式检视运动中的技术进化，它证实了我之前在本章得出的结论。

技术进化与生物进化的比较

我想对我在这章所描述的进化形式进行一些论述。首先，技术的进化根本就没有可以预先决定的确切顺序。我们无法事先就知道哪个现象会被发现并转化为新技术的基础；也无法在巨大的组合可能性中事先指出哪种组合会被创造；无法知道当这些被实现的时候，哪些机会之门会被开启。作为这些不确定性的结果，技术体的进化具有历史偶然性，它依赖于历史上的小事件：谁遇见了谁，谁借用了什么理念，哪个权威宣布了什么消息。这些小的偏差并不随时间均匀出现。它们内置于技术体中，而且由于新加入的技术依赖于已有技术，它们会将偏差进一步地传播开去。如果历史可以重演，我们或许会捕获一些相似的现象，也因此会发展大致相同的技术。但是它们出现的顺序和时机将可能不同，这将导致经济和社会历史变得与现在不同。

这并不意味着技术的进化是完全随机的。未来 10 年将会得到发展的技术会被理性预期，当下技术的改进也会或多或少地被预见，但是总体而言，就如同在遥远的未来，物种的集合是不能借由现在的物种所预见一样，技术体在未来经济中也是不可预见的。我们既不能预见会形成何种组合，也不能预见何种机会利基会被创造。由于潜在组合是呈指数式增长的，这种不确定性也会随着技术体的发展而增加。在 3 000 年前，我们可以自信地说，100 年后的技术将不会有太大的变化，而现在我们将很难预计 50 年后的技术会是什么样的。

我的另一个观点是，这种进化在时间上不是均匀分布的。有些时候，这类系统是静止的，那时机会利基是被满足的，其他元素则安静地等待着合适的组合。小的创新时有发生——时而这里有一种新的组合，时而那里有一个组合替换。其他时候，系统会处在剧烈的变化中。一种影响巨大的新组合可能出现（例如蒸汽机），一阵一阵的变化会被释放出来。新的机会利基形成了，新的组合出现了，许多重新排布也出现了。变化导致变化，而在这期间，静止衍生静止。

在本书中，我反复提到技术体的"进化"。我是认真的。如同生物进化一样，技术的进化也很复杂。因此，在一个漫长时间的尺度上，我们可以给出另一个范例。它虽不是亘古永世，但依然是人类存在以来漫长的年代。

与生物进化相比，技术的进化到底为何？有什么不同吗？

我们的机制（组合进化）关乎新事物的创造，这种创造要通过自身组合来进行。如果要在生物进化中选择一种单纯的对应案例，则应该是选择一个被证明很有效的器官，我们假设他有一个来自鬣蜥的器官和一个来自猕猴的器官，然后把这两个器官组合，并和其他器官一起创造出新物种。这看起来很荒唐，但是生物的确会通过时不时的组合来形成新的结构。在原始细菌中的基因通过一种叫作水平基因转移的机制来进行交换和重组。基因调节网络（大致可以理解为决定一个器官中的基因被开启的顺序的"程序"）不时地通过组合进行扩展。

我们更为熟悉的是，更大的物种结构是随着简单结构的组合而创造出来的。[9] 简单结构经过组合后，真核细胞就出现了。当单细胞生物组合在一起后，多细胞生物就出现了。在生物中，功能特征（比如说听小骨的组合形成了将耳膜连接到听神经的机制）可以从周围的零部件中形成。"在我们的宇宙当中，"分子生物学家弗朗索瓦·雅各布（Francois Jacob）说，"物质是经由陆续的整合被安排在某种结构等级当中的。"这是正确的。生物界也同样存在组合进化。

但是，这种大型组合结构的创造在生物进化中是少见的，和技术的进化相比，更少见。它不会每天都发生，而是在几百年间才会间或发生一次。这是因为生物进化一定要突破达尔文学说的瓶颈。组合（至少对于高等级的生物来说）不能从不同的系统中来选取元素并将它们一口气组合在一起。它被基因进化的限制所包围：一个新的组合的创造步骤必须是递增的；其中每个环节必须能产生可以成活的东西，即某些生物；而且每个新结构的合成都必须借助以前存在的元素。在生物中，组合会有，但不是定例，不会经常有，也不会像我们在技术中看到的那样直接。在生物进化中，变异和选择是第一位的，而组合的发生是非常偶然的，但常常会有惊人的结果。

相对来说，在技术当中，组合则是常态。**每个新技术和新的解决方案都是一个组合，而且每个现象的捕捉都会应用一个组合。**在技术当中，组合进化是第一位的，是常规定例。达尔文进化的变异和选择也存在，但是它们是靠后的，是在已经形成的结构之上产生作用的。

这种技术自我创造的阐述会给我们一个不同的感觉。我们开始感到技术体似乎是有血统的，它似乎是各种事件的巨大载体。这个载体能产生事件，能将事件收入其中，又能让它从中消失。这个过程既不统一也不均匀，它表现为爆炸性的创生和雪崩式的替换[①]。它持续性地探究未知，持续性地揭示新现象，持续性地创造新颖性。它是有机的：新的表层附在旧的表层上，创生和替换相互重叠。在集合的意义上，技术不仅是单个技术的总和，还是一种代谢化学，一种几乎是无限的实体的集合。它们相互作用产生新的实体以及进一步的需求。我们不该忘记，是需求驱动着技术的进化、新组合的可能性和对现象的发掘。没有未得到满足的需求，就不会有什么新的东西出现在技术中。

最后一个想法。我说过技术是自我创生的，它是一个自我编织的活网络。那么我们是否可以从某种角度，或某种字面意义上说，技术是活的？

---

① 可参考湛庐文化 2023 年 7 月出版的阿瑟的另一部著作《复杂经济学》。——编者注

　　虽然现在没有关于"生命"的正式的定义，但是，我们在判定什么是"活的"的时候，会看它是否达到了某些标准。用系统语言（systems language），我们可以问：实体是不是自组织的，或有没有某些简单的规则使它可以自行聚集起来？实体是不是自生的，或它是自我产生的吗？看看这两条标准技术（体）是否都达到了。用通俗的语言，我们可以问：实体能够繁殖、生长、反应和适应周围环境，摄入和释放能量以保持自身的存在吗？技术（体）也通过了这些测试。它像一个组织中的细胞一样，在个体元素的意义上实现繁殖、死亡和替换。它的元素会生长，它们永不止息地生长。不论是技术体还是单个技术元素，都与它的周围环境密切结合。它和环境交换能量：它摄入能量以形成和运转每个技术，每个技术又都释放物理形式的能量回馈给环境。

　　以这些标准来衡量技术，它的确是生物体。但是它只是在珊瑚礁意义上的有机体。至少在技术发展的目前阶段，技术的建构和繁衍还依然需要人类作为其代理人——在这一点上我还是很欣慰的。

技术思想前沿

有生命的技术：一方面，技术是自组织的，它可以通过某些简单规则自行聚集起来；另一方面，技术是自我创生的。通过这些来衡量技术，技术确实是有生命的，不过它们只是珊瑚礁意义上的有机体。

THE NATURE OF TECHNOLOGY

10

技术进化所引发的经济进化

众多的技术集合在一起，创造了一种我们称之为"经济"的东西。经济从它的技术中浮现，不断从它的技术中创造自己，并且决定哪种新技术将会进入其中。每一个以新技术形式体现的解决方案，都会带来新的问题，这些问题又迫切需要进一步得到解决。经济是技术的一种表达，并随这些技术的进化而进化。

我们已经在第 9 章非常直观地看到了技术的进化。另一种感知这种进化的方式，就是通过经济的眼睛去观察它。一面经济的镜子会映射出技术的变化，以及我前面谈到的技术的增长和替换。经济的改变不仅是通过重新调整生产和消费模式，或者仅仅通过我们在第 8 章看到的创造新组合的方式来完成的，经济实际上会随着技术的进化而完成结构上的变化，即改变制度安排的方式，而这种改变可能会随时随地、在所有层次上发生。

因此，我想重新回到技术进化的每个步骤，去看看它们在经济中究竟是如何表现的。我们将会看到的是经济结构变化的自然过程，这一过程是被我们刚刚探究的那个进化过程所驱动的。首先，我们需要通过一个不同于标准经济学的方式来进行思考。

经济就是技术的一种表达

不论是在词典中还是在经济学教科书中，标准的经济定义都是将其

作为产品或服务的一个"生产、分配和消费的系统"。[1]我们将经济作为某种背景，它向发生在其中的事件或某种调整提供原材料。这样看来，经济就变成了某种类似盛装技术的大集装箱，变成了一架带有许多模块和零部件的巨型机器，这些模块或零部件都是技术或生产方式。当一个新技术（例如铁路交通）到来时，它为某个产业提供了一个新的模块、一种新的升级。它所替换的旧模块（运河）会被去掉，新的升级模块不知不觉地安插进来，机器的其他部分会自动地重新进行平衡，它的张力和变动（价格、生产和消费）也相应地进行重新调整。

这种看法并不错。我在大学中就被灌输了这样的经济学概念，而且它也是今天的经济学教科书中所描绘的经济定义。但我认为这并不完全对。为了探究结构变化，我希望能以一种不同的方式看待经济。

众多的技术集合在一起，创造了一种我们称之为"经济"的东西。经济从它的技术中浮现，并不断从它的技术中创造自己，并且决定哪种新的技术将会进入其中。经济是技术的一种表达，并随这些技术的进化而进化。

我将经济定义为一套安排和活动，一个社会将借助它来满足需求。（这成为经济学研究的主要内容。）关键是，这些安排是什么呢？好吧，我们将从维多利亚时期经济学家的"生产手段"（处于经济核心的工业生产过程）开始。的确，我的定义不会令卡尔·马克思感到吃惊。马克思是从"生产工具"开始审视经济的，其理论涉及了他那个时代的大型工厂和纺织机械。

但是我将从马克思的出发点（工厂和机械）再往后一些来开始我的讨论。构成经济的整套安排将包括所有制度和方法，以及所有的我们称之为技术的目的性系统，包括诊所和外科手术、市场和定价系统、贸易安排、分配系统、制度和商业，还包括金融系统、银行、监管体系以及法律系统。

上述这些都是安排，都是手段，我们通过它们实现我们的需求，达到人类的目的。因此，所有这些都是我前面给出的"技术"的定义或者目的性系统。我是在第 3 章谈到这点的，大家可能有点忘了，它意味着纽约股票交易所以及合同法的特殊条款都是实现人类目的的手段，这与钢铁厂和纺织机械厂没有什么两样，它们也是广义上的技术。

如果我们将这些"安排"都包含在技术的集合之中，我们就开始不再将经济看成是技术的载体，而认为它是建构在技术之上的。经济是由技术作为中介（覆盖）的一系列关于商品和劳务的活动、行为或流动，也就是说，方法、过程和组织的形式构成了经济。

经济是其技术的表达（expression）。

我并不是说经济和它的技术是完全相同的。对经济来说，还有许多其他类型的活动，比如商业上的策划、投资、竞标以及交易，这些都是活动而不是目的性系统。我想说的是，经济的结构是由技术铸造而成的，也可以说，技术构成了经济的框架。经济中的其余部分，如商业活动、交易中不同参与方的战略和决策，以及随之而来的物流、服务流和资金流，它们则构成了经济体的神经和血液。但是这些部分只是外围的环绕物，并且它们归根结底也是由构成了经济结构的技术（那些目的性系统）形塑而成的。

　　我们需要在这里做的思维方式的转变并不是很大，但很微妙。就如同不再把心灵看作容纳概念和惯性思维过程的容器，而是把它当作这个容器的产物；或者不是将生态环境看作容纳物种的集装箱，而是把它当作这些物种集合的产物，经济也是如此。经济因其技术而形成了一种生态，因此经济形成于技术。这意味着经济不可能独立存在。如同生态一样，经济为新技术形成机会利基，当新技术产生时，这些机会利基就会被填补。

　　这么一想，结果就不同了。它意味着经济浮现或萌发于它的技术当中；它意味着经济不仅会随着技术的变化而重新适应，它还随着技术的变化而继续构成和重构；它还意味着经济的特征（形式和结构）也将随着它的技术的变化而变化。

　　总结起来，我们可以这样说：技术集合在一起，然后创造一个结构，决策、活动、物流、服务流都发生在其中，由此创造了某种我们称之为"经济"的东西。经济以这种方式从它的技术中浮现出来。它不断地从它的技术中创造自己，并且决定哪种新技术将会进入其中。注意这里的因果循环：技术创造了经济的结构，经济调节着新技术的创造（因而也是它自身的创造）。

$$技术 \xrightarrow{\text{创造}} 经济 \xrightarrow{\text{创造}} 技术$$

　　但是，我们通常看不到这种循环，因为短期内经济是以固定的方式出现的，它呈现为一系列活动的容器。只有跨越几十年的观察，我们才能看到使经济得以形成、交互作用以及再次崩溃的安排和过程，而只有在更长的时间跨度内，我们才能看到经济的这种持续的创造和再创造。

结构性变化

当新技术进入经济时，会对这个从技术中产生的系统做些什么呢？当然我们会看到如我在第 8 章中谈到的调整和新组合，这些动作都会对经济造成很大的影响。除此之外，我们还会看到，新技术在推动经济结构和制度安排方面也将带来一系列的变化。

我们现在来到了一个经济学理论通常不太介入的地方，即结构性变化过程。但是这块地方并不是空的。历史学家一般会在这里驻扎，对我们来说，应该是经济史学家。历史学家看待新技术介入经济时，不仅会看到它们引起的经济的重新适应及增长，而且还会看到它们能够令经济竞争本身在它的结构中发生变化。通常，他们是基于专门的案例进行理论推演。相比之下，我们关于经济和技术的思考向我们提供了一个对结构变化进行抽象思考的机会。

在实践中，一项新技术很可能会创造一个新产业；为此它可能需要建立新的制度安排；可能会引发新的技术和社会问题，并因而创造出新的机会利基；而这又可能引起进一步的组合变化。如果我们借用第 9 章关于技术进化的步骤，我们还可以看到这种变化的顺序，只是现在我们是从经济的视角来重新看待它们而已。好的，让我们开始吧。

现在我们假设一个新技术进入了经济，它将替换旧的技术（或者过时的产业及其他依赖这些技术的技术）来实现同样的目的。当然，如我之前所说，新技术也将引起经济的某种调整。如前所述，到目前为止，这些步骤包括第 1、2、4 步和第 6 步，但是也会经历第 5 步和第 3 步：

  · 新技术提供了潜在的新元素，它们可以交互地用在其他技术中。

因而它担当了引导使用它、适应它的技术的角色。特别是，它可能引发包含它在内的新的组织制度的发生。

- 新技术可能为进一步的技术建立机会利基。这样的机会以不同的方式建立起来，但是它们会从新技术所引起新的技术的、经济的或者社会的问题中建立起来。因此，新技术带来了需要进一步以技术来解决这些问题的需求。

我只是用经济学术语重述了那些通过技术进化而形成机制的步骤。但是重点有些不一样，我重新转化这些步骤，然后去重点描绘的是一个产业的经济结构是怎样构成的。当一个新的技术进入经济，它会召唤新的安排——新技术和新的组织模式。新的技术或新的安排反过来会引起新的问题（或者通过现存技术的修正来适应目的），新的问题又引起了新的技术需求。所有的变动都以"问题与解决—挑战与回应"这样的序列进行，而这正是我们所谓的结构性变化。经济以这种方式在暴风骤雨般的变化当中构成或重构自身，包括创新和适应这种新的制度安排，以及如影随形、互相追逐的机会利基。

让我以一个具体的例子来详细阐明我的观点。当实用的纺织机械于 18 世纪 60 年代在英国诞生时，它提供了一种替换当时以手工作坊为基础的生产方式。[2] 当时，羊毛和棉布的纺织都是在家里手工完成的，属于散工制的组织方式。新机器在刚开始时获得了部分成功。接着，它需要比家庭手工作坊更大规模的组织，因此它为更高级的组织安排（纺织厂或毛纺厂）提供了机会，并成为其中的一部分。工厂实际上也是某种技术，它作为一种组织手段，反过来需要另一种手段来实现：工厂劳动力。劳动力当然早已在经济中存在，但是当时当地并没有足够多的人来支撑这种新的工厂系统，因此需要劳动力的调集。由于大多数劳动力来自农村，这就需要工厂附近有居住的地方，工人宿舍和工人住房建设因此而出现。随着工厂、工人以及他们的栖息地组合而来的是一个工业化城市的生长，一套新的社会组织方式或者说一套新的安排出现了，内含这种结构的维多利亚式工业经济就此开始呈现。就这样，一个时代的特征、一套和超级工业机械相匹配的安排显现出来了。

但是这个过程还远远没有结束。工厂的劳动者当中许多都是孩子，经常在狄更斯作品中那样的条件下工作，这也引发了强烈的改革需求，这种改革需求不只是关于"下层阶级的道德状况"[3]，还有他们的安全状况。继而，法律系统需要采取进一步的安排来对此做出回应，劳动法就在这种情况下被制定出来，以阻止最坏的恶行发生。然后，新的工人阶级开始要求分享工厂创造的财富，他们利用一种手段来改善他们的状况，那就是工会组织。工厂中的劳动力要比家庭作坊中的劳动力更容易组织，[4]因此，若干年之后，工会就变成了一股不可小视的政治力量。

在这种机制下，纺织机械并不仅仅是替换了手工生产方式，它还为更高一级的制度安排（工厂制度）提供了机会。在这个制度安排中，机械只是其中的一个组分。新的工厂制度反过来建立了一个服务于劳动力及其栖居需要的需求链条。反过来，对这一问题的解决又创造了进一步的需求，所有这些最终演变为维多利亚式工业体系。这个过程用了100多年的时间才真正完成。

读者可能会反对说，这样的描述可能会使结构性变化看起来过分简单了，或者说太机械了。技术 A 提出了一个对安排 B 的需求，这个安排由技术 C 实现了；C 又提出了进一步的需求 D 和 E，它们又由技术 F 和 G 来完成。当然，这样的序列确实确立了结构性变化的基础，但同时，

它们绝不简单。只要我们想一下这些新的安排和技术自身所引起的次一级技术和次一级安排的递归循环图景就能理解了。工厂体系需要新的动力方式应对机器，需要绳子和滑轮系统来传输动力，需要获取和追踪材料的方法、新的记账方式、管理方式，以及产品运输方式。所有这些又各自需要从其他方面建构出来，从而又产生了它们各自的需求。结构变化是不规则的碎片，它会在次一级的层级上进行进一步的分化，就像胚胎动脉系统会随着发育分化出小动脉和毛细血管一样。

技术结构性变化中的某些回应根本不是经济性的，比如手工艺的机械化会从纺织行业蔓延到其他行业。从心理学上看，工厂不仅创造了新的制度安排，而且需要新型的人力资源。历史学家大卫·兰登（David Landes）说："工厂的运转规则需要并最终创造出了新型的劳动者……从此，纺纱人不再能在家里转动她的纺轮，织布匠也不能在家里抛动他的梭子，那种没有任何监督的美好时光从此不再。现在，工作必须在工厂中完成了，以一种无聊的、毫无生气的机器所规定的步调，作为团队的一员，要与整体共进退，开始、间歇、停止——所有这些都在密切监督之下进行，工厂用道德、经济奖惩来促使工人勤奋地工作，有时候甚至是身体上的强迫。工厂是一种新的监狱；时钟是一群新的狱卒。"[5]新技术不仅引发了经济的变化，它还引发了心理的变化。

在谈到结构变化时，我们需要知道的是，不是所有变化都是有形的或者是"被安排"出来的。我们要记住，这种变化可能是多因多果的。但同时，我想强调的是，我们可以将结构变化的过程逻辑化或理论化，摆出步骤，描述技术的进化。经济中的结构变化不仅是新技术的副产品或者仅仅是替换旧的技术，也不仅仅指紧随其后的经济的调整，它是一个后果的链条，在这个链条中，构成经济结构框架的安排，召唤新的安排。

对于制度安排的到来或者界定经济的结构来说，这里当然没有什么是必然的，没什么可以事先预料。[6] 我们早就看到了有许多不同的组合、许多种安排可以用来解决技术提出的问题。许多选择取决于小的历史事件：问题出现的顺序、个性偏好或行动偏好等。换句话说，选择取决于机会。**技术决定经济结构以及由此产生的大部分世界，但是哪个技术获得选择却无法事先知晓。**

解决方案带来的新问题 [7]

我曾经说过，结构的展现是一个连续、重复制造这种构成经济安排的过程，一套安排构成了下一套安排所需要的条件。这种复制一旦开始，就没有理由停下来。哪怕只有一项新技术（想一想计算机或者蒸汽机），一旦开始就可能绵绵无休地持续下去。

反过来，经济也从未停滞过。经济结构在大多数时间里处于高度兼容状态，因此好像没有发生什么变化。但是，就像熊彼特在100年前指出的那样，在这种静态中，蕴藏着自我突破的种子。[8] 其根本原因是创造出了新的组合、新的安排，或者如熊彼特所说的"新的产品、新的生产或运输方法、新市场、新的工业组织"[9]，形成了一个"工业突变"的过程。这种突变"从内部持续彻底地改革经济结构，不断地破旧立新"。

系统在其内部总是随时准备好进行变化的。

但是和熊彼特比起来，我这里所给出的观点要有更多的暗示。即将到来的新技术不是仅仅打破静态，比如说发现比我们现在用的产品或方法更好的新的组合：它需要一系列安置新技术的条件，并解决由此产生

的另外一些新问题。如此一来，又要为新的能够解决这些问题的进一步的技术创造新的机会利基——接下来又产生进一步的问题。

因此，经济总是存在于永恒变化之中，存在于一种永恒的新颖性之中。它永远存在于自我创造的过程之中。它永远不满意。我们可以对此加以补充，在任何层面上，有意义的新技术都可以随时独立地进入经济。结果不仅是熊彼特意义上的打破均衡，而且同时还会引起连锁性变化，所有变化都重叠在一起，相互作用并引起进一步的变化。可以说，变化招致变化。

奇怪的是，我们可能对这种随时随地都会发生的同时性变化并不是很在意。这是因为结构变化的过程动辄要几十年，而不是几个月。这很像就发生在我们脚下的土地表面的缓慢隆起一样。简而言之，结构有高度的连续性，它是松散的、可兼容的系统，在这个系统中可以做计划以及采取行动。但是这个结构又随时在变化。**经济永远都在建构它自身。**

技术的这个不断进化的过程和经济的不断重建过程会告一段落吗？原则上，可以，但只是原则上。止步不前的情况只有在未来没有新现象被发现的情况下才可能发生，或者只有当进一步组合不知为什么耗尽了，或者当我们人类的需求用我们现有的技术就可以得到满足时才可能发生。但是这些都不太可能。永远开放的需求和总有可能被发现的新现象足以驱动技术永远向前，而经济将会如影随形。

还有一个原因令技术的进化不会停止。我一直强调，每一次以新技术作为解决方式都会创造出新的挑战、新的问题。这是一个通则：每个技术都包含着问题的种子，而且通常是很多颗。这不是技术或经济的"法则"，更不是世界的"法则"，它只是一种基于人类历史的普遍性的经验观察——一种遗憾的观察。以碳为基础的化石技术带来了全球变暖；核能（一种环保的清洁能源）带来了核废料丢弃的问题；航空交通带来了在世界范围内加速感染蔓延的可能性。在经济中，解决导致问题，问题趋向进一步的解决，这个在解决和问题之间的舞蹈在未来任何时候都很难被改变。如果幸运的话，我们会收到我们称之为"进步"的"净利润"。不论进步是否存在，这种舞蹈导致的持续变化都是由技术带来的，而经济只是一个结果。

我在这一章一直是从经济的角度来看待技术的进化。因为经济是其技术的一种表达，它是一套安排，包含着集合进化的过程、组织、装置以及制度供给。它随着技术的进化而进化。因为经济是源于技术的，它在技术的自我创造中获得传承，永远开放、永远新颖。因此，经济最终产生于创造技术的那些"现象"之中。归根结底，那个被组织起来为我们的需求服务的东西是"自然"。

这样的经济毫无简单性可言。安排一个一个建立起来：法律体系的商业部分是在市场和合同存在的设想之下建立起来的，而市场和合同则假设银行和投资机制是存在的。经济因而不是均质的，它是一种结构，一种宏大的结构，它是互动的、包含着相互支撑的安排，存在于任何等级，历经几个世纪，不断从自身中长出自己。它几乎就是一种生物，或者至少说就是进化之物，它持续地变迁着它的结构，新的安排创造了新的可能性或问题，需要新的反应，然后是进一步的安排。

这种结构进化是对构成经济的安排的不断重建，一套安排为下一个将要到来的安排设立条件。它与在给定的安排或行业当中进行重新调适是不一样的，而且它和经济的增长也是不一样的。它是持续的、分形的

（fractal）、不可阻挡的。它会带来永不停止的变化。

那么结构变化中有什么是永恒不变的呢？经济在建构它的模式时总是汲取同样的元素：人类行为偏好、论述的现实基础、买和卖的商品相等的自明之理。这些在基本"法则"之下的元素总是相同的。但是它们所用的手段却表现为随时间而变化，它们构成和重构变化的模式也随时间而变化。每一种新的模式、每一套新的安排都会产生一种新的经济结构，就算结构消逝了，那些背后用来构成这些基本法则的元素也从来都一样。

经济学作为一门学科，经常为人诟病，因为不像物理或者化学这些"硬科学"，经济学不能保持一套不变的描述。但是这不是经济学的失败，而是正当和自然的。经济不是简单系统，它是一个进化的复杂系统，其形成的结构永远随时间而变化。这意味着我们关于经济的解释也一定是随着时间而变化的。我有时候想，经济就像是夜色下的战场，漆黑一片，在战壕外几乎什么也看不到。而大约半英里远，就有敌人的营地，可以听到窸窸窣窣的声音，可以感到军队正在重新部署。（当然，新的战略部署即使再好，也是在现有部署的基础上转化来的。）这时，突然某个人发射了一颗照明弹，火光照亮整个战场的部署，各种炮位、安排、部队、战壕，一下子变得一目了然，然后火光骤然熄灭，一切又复归黑暗。经济就是如此。经济学中的光芒就是亚当·斯密、李嘉图、马克思、凯恩斯，还有熊彼特的理论。它们偶尔照亮了一下战场，但是真正的骚动和变换一直在黑暗中进行着。我们确实能够观察到经济，但是我们描述经济的语言，我们标明经济的标志，以及我们对经济的理解，都凝固于那燃亮的一瞬间——尤其是最近的一组照明弹之中。

THE
NATURE
OF
TECHNOLOGY

11
我们的立场是什么

随着基因组研究和纳米技术的发展，生物正在变成技术。与此同时，从技术进化的角度看，技术也正在变为生物。两者已经开始相互接近并纠缠在一起了。我们需要和自然融为一体。如果技术将我们与自然分离，它带给我们的就是死亡。如果技术加强了我们和自然的联系，那就是它对生命和人性的厚爱。

我一开始就曾说过，这本书的目的是要建立一个关于技术的理论——"一组连贯的一般命题"，并希望借此能够提供一个帮助我们理解"技术以及技术怎样在这个世界存在"的框架。我尤其希望建立一个技术自己的进化论，而不是一个从技术之外借用的理论。但是这样做的结果，用达尔文的话来讲，将会带来一场"持久的争论"，为此付出的代价将是不断地进行重述，那么现在就让我先就这个理论再做一次扼要概括吧。

理论通常始于一般命题或原理。我们的理论始于 3 个原理：**一切技术都是元素的组合；这些元素本身也是技术；所有技术都利用现象达到某个目的。**其中第三个原理特别提示我们，技术的本质就是对自然的编程，它是一种对现象的捕捉，并驾驭这些现象为人类的目的服务。某个个体技术对许多现象进行"编程"，并精心安排策划这些现象，最后使它们能够密切配合以完成特定的目的。

一旦新技术（单个技术）诞生了，它就立刻成为可供进一步地建构更新技术的潜在构件。这个过程导致技术的发展呈现出一种进化的形态，

准确来讲，是一种组合进化的形态。当然它的机制与达尔文进化论不同。首先，创造新技术的构件本身也是技术，创造出的新技术本身又成为未来更新技术的构件。其次，使得这一进化得以进行下去的是持续地捕捉和驾驭新现象，但这种捕捉和驾驭本身又需要现有技术来完成。这段叙述是在表明，技术自己创造了自己。以这样的方式，技术这种与文化相适应的机械艺术的集合体，自展式地前进着，其构成元素从仅有的几个模块发展到许许多多的模块，而模块本身也从相对简单的形式进化成极其复杂的形式。

这种进化听起来很简单，其实不然，如同达尔文进化论一样，它包含了很多细节和机制。其核心机制当然是能够产生根本性新技术的那一个。技术的新"物种"诞生于需求和现象的链接。这种链接又表现为一个过程：首先需要假想一个概念，就是想出一组可用的效应；然后找出实现这个概念所需的元器件或集成件；最后进行组合。这个过程本身是递归性的。这是因为将一个概念放到现实中来会带来很多问题，而解决这些问题会带来更多的次生问题，所以这将是一个在不同层次的问题和解决方案之间来回跳跃直至完成特定目的的漫长过程。

这一过程的核心是组合，即将合适的组件及功能组合在一起，形成一个解决方案。这个过程既是物质的，也是精神的，但是它不是技术进化唯一的动力。另外一个动力是需求，一种对新的做事方式的需求。而从技术本身产生的需求要多于来自人类的需求。需求动力主要来自技术本身遭遇的极限以及存在的问题，而这些问题的解决反过来又必须通过进一步的技术来获得。因此，需求追随着解决方案，解决方案又反过来追随着需求。组合进化中营造出的需求与建构出的解决方案在数量和重要性上是不分伯仲的。

所有这一切发生的过程既不统一也不顺畅。**技术集合通过采用或者丢弃某些技术，创造某些机会利基，以及揭示一些新现象来实现进化。**技术体在狭义的持续发展的意义上也在进化：它们从初显到形成，时不时变换着"词汇表"，一直到最后被吸收到经济产业当中。同时单个技术也在进化——或者说发展，它们会持续变换内部的组件，或添加更复杂的集成件以达到更好的性能目标。

于是，技术在所有层次上都存在着持续的变动，在所有层次上都会间或出现新组合、添加新技术、淘汰旧技术。技术以这样的方式不断地探索未知领域，不断地创造出进一步的解决方案和进一步的需求，因之而来的是持续不断的新颖性，整个过程就此呈现了某种有机性：新技术不断在旧技术之上衍生出来，其中创造和替换交叠着推进整个过程向前发展。在集合的意义上，技术不仅是单个技术零件的总和，还是一个新陈代谢的化学过程，一组几乎无限多的实体相互发生作用，从而产生新的实体和进一步的需求。

经济导演并调和着这一切。它发出需求信号，检验商业理念的可行性，提出对新版技术的需求。但是经济不仅是技术的接收器，也不仅是升级技术的接收器，更重要的是，**经济是其技术的表达**。在它的结构中包含着一系列相互支持的安排——商业、生产资料、制度、组织，而这些实际上就是广义的技术本身。商业活动和行为都是围绕这些安排而发生的。这些"安排"创造了"进一步安排"的机会，结果就是一个接一个的经济结构的转型。经济作为这个过程的结果，继承了技术的所有品质。如果从大的时间跨度来看，经济也是变化不羁的，如同技术一样，经济也是开放的、历史依赖的、层级式的、非决定性的，而且是不断变化的。

技术具有生物属性，反之亦然

我的观点可能会遭到反驳。我在本书中给出的许多例子都是从 20 世纪和 19 世纪的技术中挑选出来的，因此都是历史性的。那么在面向未来技术的时候，我所认为的"技术是具备化学功能的，可以通过编程将不同结构用于满足不同目的"这种观点应该是有不对的可能性的。

但实际情况正好相反。随着技术的进步，我所描述的这种景象将变得愈加合理。数字化时代的到来实际上拓宽了组合的可能性，这是因为即使功能组件来自不同的域，但它们一旦进入数字化的域，就都变成了相同类型的操作对象——数据字符串，因此马上就可以用同样的方式进行组合了。远程通信技术使这些数字化元器件之间的远程组合成为可能，因此可执行程序几乎在任何地方的虚拟世界里都可以产生互动。尽管目前的传感装置还很原始，但是应用这样的系统，现在就可以完成探查周围环境并完成适当回应的任务了。上述的技术发展使得来自不同域的、分布在不同地方的功能组件可以被临时组合在一起，形成一个暂时性网络。这种相互连接的、可以完成"物－物对话"（things-in-conversation-with-things）的技术集合因此能够感知环境并对其进行反应。这样看来，现代客机导航系统就是一套功能组件的组合，主要包括同步罗盘系统、全球定位系统、导航卫星及其地面接收站、原子钟、自动驾驶仪、远程遥控系统、位于控制面板的制动器。这些组件之间相互对话、相互查询、相互控制、相互执行，就像计算机程序算法的一套子程序之间在相互查询、激发并执行一样。

目前，具有代表性的技术已不再是那种被固定起来的、一台机器实现一个固定的功能的模式了。现在的主流技术是一个系统或者一个功能网络，一种"物－执行－物"（things-executing-things）的新陈代谢，它能感知环境并通过调整自身来做出适当反应。

理论上，我们可以由上至下来统筹设计这个"物－执行－物"的网络，但实际上这非常困难。当一个网络是由数以千计各自独立又相互作用的元器件组成时，加上迅速变化的环境，这时几乎不可能有任何可靠的方法来进行这种自上而下的整体性设计。因此，越来越多的网络被设计成可以从经验中进行"学习"的网络，主要是去学习不同环境下各种元素之间如何做出互动的简单规则。学会这些规则，它们就可以对感应到的环境做出恰当的反应。那么，这种设计的结果构成所谓的"智能"了吗？某种程度上，是的。一个简单生物的认知，比如说 E 型大肠杆菌"觉察"到葡萄糖浓度的增加并向那个方向移动，可以被定义为"能够感知环境并适当反应"。因此，当现代技术逐渐进入一个网络，能够感知、配置、恰当地执行时，它就表现出了某种程度的认知能力。从这个意义上说，我们正在向智能系统前进。基因技术和纳米技术的到来将加速这一进程。事实上，未来这样的系统不仅能够自构成、自优化、具有认知能力，还能自集成、自修复以及自保护。

我在这里并不想谈论某种科幻未来，或者讨论这种趋势将意味着什么，因为会有人去做这件事的。我想请读者注意的是，在过去，诸如自构成、自修复以及认知能力这样的词语会用在什么样的事物上面呢？过去我们是不会把它们用在技术上的，它们都是生物学词汇。现在，这些词汇被用来描述技术，是否能够表明随着技术复杂程度的提高，技术将具有生物特征呢？这看起来很矛盾，因为技术的本质当然应该是机械性，所以当它变得更复杂时，它应该只是具有更复杂的机械性而已。那么，技术是怎样变得具有生物特征的呢？

　　答案有两个。一个是所有的技术在某种意义上都同时具有机械性和生物性。如果你从上至下地检视一项技术，你可以将其看作一种互相连接的元器件的安排，这些元器件为达到某个目的而互相制约、互相啮合。因此技术变成了像钟表一样的发条装置，它变得具有机械性了。但是，如果你在思想中将它从下往上进行检视的话，想象这些零部件是如何聚集到一起的，你则会将它们看成一个整体，一个完整的器官，一个更高等的、具有功能性和目的性的整体。它变成了一个机体。因此，一项技术具有机械性还是生物性取决于你的立场。另一个答案则强调，技术完全是生物性的。技术具备能使我们联想到生物的某些属性：当它们感知环境并产生反应，当它们变得可以自组装、自构成、自修复并且能够"认知"的时候，它们就越来越像生物了。技术越复杂、越"高技术"，就越具有生物性。我们正在慢慢开始接受，技术是机械性的，同时也可以新陈代谢。

　　与之相对应的一面是，当技术的生物属性变得比较好理解时，我们还是坚持认为它更具机械性。当然，那种认为生物体包含着像机器一样相互作用的连接部件的观点并不新鲜，至少回溯到17世纪20年代，梅森和笛卡尔时期的哲学家们就已经开始思考"机器是否有可能和生物有机体一样"的问题了。与那时不同的是，我们现在已经了解了更多生物机体的工作机理。自20世纪50年代以来，我们一点一点地梳理出DNA的精细的工作原理以及细胞内蛋白质的制造原理，部分地了解了如何精确控制基因的表达，以及大脑的部分功能。虽然这些工作还远未完成，但是它们揭示出，生物体和细胞都是非常精致的技术。事实上，有生命的东西为我们指明了科技要走的路还有多远。没有什么工程技术能像细胞的工作那样复杂。

从概念上看，生物学正在变成技术。从实际上看，则技术正在成为生物学。两者已经开始相互接近，而且，事实上，随着我们陷入更深的基因组研究、纳米技术以及其他许多技术，生物学与技术确实已经开始互相纠缠在一起了。

繁衍性经济

技术正在变得更具结构性和生物性，经济是否以某种方式反映了这个现象呢？如果经济是其技术的表达方式的话，那么，它一定会对此有所反映。事实的确如此。

技术从维多利亚时代那种以大宗材料加工为主导的技术模式中脱离出来，已经是很久远的事了，而现在它又开始转换了：从只实现单一目标功能的流程或机器转换为采用不同组合以实现不同目标的技术。为了反映技术的这种转换，经济至少在高科技部分更多地表现为更关注如何聚集、拼凑事物，而不是如何对现有操作进行完善。当然，商业的运作部分（例如商业银行、石油公司、保险公司）还依然体现着大工业时代的技术特征，但是有理由相信，随着初创公司、风险投资、金融衍生品、数字化或组合生物学等越来越多，经济也必将进行以实现短期的可重构为目标的实践和商业过程的功能组合。

简而言之，**经济正在变得具有繁衍能力。**它关注的焦点从优化固定操作转变为创造新组合以及新的可配置的产品了。

当然，对于创造这些新组合的初创小公司的企业家们来说，这一切都不甚清晰。他们经常不知道谁会是自己的竞争对手，他们也不知道这种新工艺能否奏效、如何才能被接受，他们不知道政府会对此加以什么

样的限制。一切都好像是在赌场下注，而游戏规则和收益却还不太明了。新组合周围的环境不仅不明朗，某些方面甚至根本就是未知的。

这意味着高科技经济的"问题"还没有被清晰地界定出来。如此一来，他们就无法拥有最优的"解决方案"。在这种情况下，管理的挑战不在于如何合理地解决问题，而在于要对一个未加定义的情况"找到感觉"，即去"识别"它或者把它纳入一个可以应对的框架之内，之后再对其供应部件进行相应的定位。这再次出现了悖论，技术越高级，对其的商业性处理越缺乏理性。先进技术领域内的企业家不仅仅需要决策，更重要的是，他需要在不断出错的情况下给出某种认知次序。技术思想家约翰·西利·布朗（John Seely Brown）告诉我们："管理已经从制造产品转移到使产品有意义上来了。"

在繁衍性经济中，竞争优势不仅只是来自资源储备及将这些转变为最终产品的能力，而且来自将深层知识储备转化到新的战略性组合的能力。具体表现为，从占有资源的角度获取国民财富的总量开始不如从占有专业科学及技术知识的角度获得的那样多了。公司的竞争优势绝大部分是从它们占有的技术专长而来的。通常公司会缺乏可供拼凑成新组合的技术专长，竞争压力又使得他们没有足够的时间进行内部研发，它们因此常常需要购买小公司，或者与其他占有必备资源的公司结成战略联盟。结盟常常是出于某个特定的目的，然后再重新对其进行配置或者将其淘汰。这就是为什么我们会看到公司层次的组合过程常常呈现为松散联盟的持续重组——短暂，但偶尔会非常成功。

现代技术的本质发生了一系列新的转变：管理上从优化生产过程到创造新组合，即新产品或新功能；从理性到意会；从以商品为基础的公司到以技术为基础的公司；从购买要素到形成联盟；从稳态操作到不断适应。所有这些变化都不是突然发生的，事实上，新旧风格的诸要素在经济中常常是共存的。

这两个世界相互重叠，且高度相关。但是当一个"更技术性"的经济走上舞台的时候，我们就从 20 世纪由工厂和投入－产出关系构成的机器态经济（machine-like economy）转换到了 21 世纪有机的、相互联系的经济形态。如果说旧经济是一部机器，那么新经济就是一门化学。它不断创造自己，产生新的组合，总在发现着，永远处在过程之中。

经济学自身正在逐渐开始回应这些变化，并且它的研究对象不再是所谓的均衡体系，而是一个进化的复杂系统。[1] 它的元素（消费者、投资者、公司、主管当局）都对这些因素创造的模式有所回应。经济学的标准理论曾经是建立在可预测性、秩序、均衡以及行为理性等基本原理之上的，其他与之相适应的应该是长时期保持不变的大批量生产方式。但是随着经济发展更趋于组合性，技术也更加开放，新的原理就会进入，并成为经济学的基本原理。秩序、封闭、均衡作为组织解释的方式现在让位于开放性、不确定性以及持续不断的新颖性的涌现。

纯粹秩序与混质活力

除了对经济变化的理解反映出一个更加开放、有机的观点，我们对世界的阐释也变得更开放、更有机了。参与其中的技术也产生了这种转变。从笛卡尔时代起，我们开始用技术的知觉品质这类术语来解释世界：它的机械性连接、合法性秩序、驱动力量、简单的几何学、清楚的界面，它美丽得像钟表一样的精准性。这些品质投射到文化中，被认为

是解释和效法的典范，并被伽利略和牛顿科学的线性次序和钟表一样的精准性特征大大加强了。我们慢慢形成了这样一种世界观：世界是由部分合理地构成的，这些组成部分由理性（Reason，在 18 世纪时要大写，词性为阴性）和简单性所统辖。借用建筑师罗伯特·文丘里（Robert Venturi）的说法，这样的世界观催生了一种追求纯粹秩序的古板梦想（prim dreams）。

牛顿以后的 300 年时间，是对技术、机器和纯秩序的漫长迷恋期。机械观逐渐占据主导地位，直到 20 世纪依然可见。在许多学术领域，如心理学和经济学，机械论的解释抑制了那些关于技术魅力的深刻洞见。机械观给哲学带来的希望是，它为理性哲学提供了奠基性的逻辑元素以及建构它们的语言；它为政治带来的理想是，控制一个社会并对其进行工程化操作，从而使可控制的社会结构是有可能的；在建筑领域，它带来了那种毫无装饰性的几何结构，柯布西耶（Le Corbusier）的平面（dean surfaces）以及包豪斯风格。但最后，在所有这些追求纯秩序的机械梦想破灭之后，这些领域都超出了自身的系统并无限蔓延开去了。

取而代之的观点是：这个世界反映的绝对不只是它的机械性。机械性依然是中心议题，但是我们现在认识到，随着机械变得具有互动性并复杂起来，它们所揭示的世界也成了一个复合体。它们是开放的、进化的，并且表现出了无法从某个部分预测未来的涌现性质（emergent properties）。我们所倾向的观点不再是一种纯粹的秩序，它是一个整体，一个有机的整体，而且是不完美的。[2] 又是文丘里，他在谈到建筑时写道：

> 我喜欢的元素是杂交的而不是纯种的；是妥协折中的而不是一以贯之的；是曲折蜿蜒的而不是直截了当的；是模糊

歧义的而不是清晰缜密的。它们既客观又倔强，它们既无聊
又有趣。它们是依惯例传统的而不是设计出来的；是随和迁
就的而不是特立独行的；是冗余累赘的而不是简洁单纯的。
它们既残缺不全又富于创新，是前后矛盾、模棱两可的而不
是直接和清楚的。我赞同凌乱的活力优于明显的统一，我容
纳不合理的结论。我赞成丰富和含义深长胜于含义清楚，我
既赞同隐含的功能，又赞同外显的功能。[3]

文丘里所说的是凌乱的生命力和丰富的含义——是的，我为此倾心。
我们正在将完美替换成整体，在整体之中是一片混乱的活力。这种思维
的转变更多的是受进化生物学的兴起和简单机械观的枯竭的影响，而不
是现代技术。但是这种影响被现代科技的特征强化了，这些特征包括连
通性、适应性、进化趋势、有机性，以及它的凌乱的生命力。

我们应该怎样看待技术

我们刚才追问的是，我们应该如何透过技术看待这个世界，但是回
头看，技术自身是怎样的呢？我们怎样才能看到它呢？我们应该如何看
待我们的这个创造物呢？

面对正在稳步增长的技术，我们当然会深感矛盾。但这种矛盾心理
并不直接地来自我们和技术的关系，而是来自我们与自然的关系。读者
完全不必为此感到惊讶，因为如果技术是为了达成我们的目标而被组织
起来的自然的话，那么在很大程度上，我们与我们这种对自然的应用之
间的关系将决定我们应该如何看待技术。

1955 年，海德格尔做了一场演讲，题为"技术的追问"。他说，技术的本质绝不是技术的。它是一种看见自然的方式，是让所有本质上的东西自我揭示，成为人类可以加以利用的潜在资源。这是令人遗憾的。"大自然成了巨大的加油站"[4]，而且我们认为这是可利用的资源，是仅供实现我们目的所用的"储备资源"。技术或技艺，在希腊意义上的手艺或行动认知，那时被定义为"将真带入美"，那情景就如同一个古代银匠正在亲手制作一个祭献用的圣杯。技术追求的是要世界去配合它，而不是要它去配合世界。海德格尔并没有说问题存在于技术，而说它存在于随技术而来的态度之中。我们曾对大自然满怀尊重——事实上是敬畏，到现在我们已经开始"攻击"自然并将其分解成不同的部分随时供我们使用。

更糟的是，我们所创造的技术除了响应人类的需要，它们还有自己的需要。"技术根本不是人造的或人可以控制的工具，"[5]海德格尔的译者阐释他的话，"而是那样一种现象，它的统治来自技术自身的存在（being），而这集中体现在西方的全部历史当中。"其他人，特别是法国的社会学家雅克·埃吕尔（Jacques Ellul）的说法几乎与此一样，只是语言极富戏剧性。他认为，技术是一种物（thing），它指导人类的生活，[6]人类生活必须向它屈服并进行适应。技术是一种"向死而生并能自我决断（self-determination）的有机体"，它本身即是目的。

然而，海德格尔也承认，我们和技术的关系还不错。技术创造了我们的经济以及因之而来的财富和安全。它使我们活得比我们的祖先更长久，使我们摆脱了许多他们曾面临的悲惨境遇。

认为技术控制我们的生活，或认为技术服务我们的生活，这两种观点都对，但它们也同时引起了不安，引起了一种持续的紧张情绪，这些在我们对待技术的态度上以及围绕它的政治活动中都有所表现。

这种紧张不仅因为技术迫使我们去开发自然，还来自它决定了我们大部分的生活。之所以会这样，我在第 1 章曾说过，是因为对所有的人类存在来说，自然是我们的家——我们信任的是自然，而不是技术。但同时，我们仍然指望科技能照顾我们的未来——我们寄希望于技术。这样一来，我们实际上是把希望寄托在了一些我们不太信任的东西上了。这有点儿讽刺。我说过，技术是对自然的编程，是对自然现象的合奏和应用，所以在最深的本质上，它应该是自然的，是极度的自然，但它并不使人感到自然。

如果我们仅仅使用自然现象的原始形态去驱动水车或推动帆船，我们对技术就会有家的感觉，我们的信任和希望就不会那么不一致。但是现在，随着即将到来的基因工程、机器智能、仿生学、气候工程学，我们正在开始使用技术（利用自然）直接干预自然了。对于我们这种灵长类动物，对于我们这种以树、草和其他动物构成的生境为家的动物来说，这种感觉极度不自然。这扰乱了我们内心深处的信赖。

这种内心深处的不安会不知不觉地反映在很多方面。我们开始转向传统，转向环境保护主义，开始回头倾听家庭价值观，我们转向原教旨主义，我们抗议。我们这些反应的背后的实质，不论合理与否，是恐惧。我们害怕技术将我们与自然分离，我们害怕技术破坏了自然，破坏了我们的自然。我们害怕这种技术现象不在我们掌控之下。我们害怕自己曾经的什么虚无缥缈的行为在某种程度上获得了它的生命，然后它会在某种程度上反过来控制我们。我们害怕技术作为一种有生命的东西将会给我们带来死亡。不是"不存在"这个意义上的死亡，而是更糟糕的死亡，一种丧失自由的死亡，一种意志的死亡。

我们察觉到了这些，我们时代流行的神话也向我们指出了这一点。无论是在小说里还是在电影里。假如我们研究一下这些故事，我们会看到问题不在于我们是否应该拥有技术，而是在于我们应该接受冷酷的、无意志的技术还是应该接受有机的、具有生命力的技术。在电影《星球大战》中，代表技术"恶"的是死星。那是一个巨大的东西，慢慢地使克隆人不断减少人性，让所有东西都置于机器的控制之下。然后，一切都消退了颜色、去除了意志。影片的主角达斯·维德也不是一个完整的人。他的构成包括部分技术、部分人体。相比之下，英雄们，如天行者卢克和汉·索罗，则是完整的人。他们有个性、有毅力，他们在一家名叫摩斯·埃斯里的小酒吧和生物们聚会。这些生物奇怪、畸形、反常，但是充满着凌乱的生命力。再看看英雄们，他们也拥有技术，但他们的技术有所不同，这些技术不是神秘的、没有人性的。他们的星际飞船是虚弱的、有机的，而且必须踢它才能让它运转。这是至关重要的，他们的技术是人性的，它是他们自然的拓展，它易错、独特，因而也是仁慈的。他们没有用人性和技术做交易，也没有使意志向技术投降。技术向他们投降了。并且由于这样做了，技术也拓展了它们的自然性。

因此，在神话中，我们对技术下意识的反应是，我们并不排斥技术。没有技术就没有人类；技术对我们成为人起了非常大的作用。罗伯特·皮尔西格（Robert Pirsig）说："佛陀与上帝居住在数字计算机的电路里或周期传动的齿轮中与居住在山巅或莲心中同样舒服。"[7]技术是更深的法则的一部分。但在我们的无意识中，已经把技术奴役我们的本性和技术拓展我们的本性之间进行了区别。这是一个正确的区别。我们不应该接受技术使我们失去活力，我们也不应该总把可能和想要画等号。我们是人类，我们需要的不只是经济上的舒适。我们需要挑战，我们需要意义，我们需要目的，我们需要和自然融为一体。如果技术将我们与自然分离，它就带给了我们某种类型的死亡。但是如果技术加强了我们和自然的联系，它就肯定了生活，因而也就肯定了我们的人性。

注 释

前言 技术的追问

1. 我在 1987 年的时候和斯图尔特·考夫曼谈论过这个想法。随后考夫曼在他的许多文章中就技术的自我创造方面做了进一步的研究。

2. 特别参考 Aitken，Constant，Hughes，Landes，Rhodes 以及 Tomayko 的观点。

01 问题

1. Meel Velliste, et al. "Cortical Control of a Prosthetic Arm for Self-feeding," *Nature*, 453,1098-101, June 19, 2008.

2. *Tableau Élémentaire de l'Histoire Naturelle des Animaux*, Baudouin,Paris,1798.

3. Stephen Jay Gould, "Three Facets of Evolution,"*Science, Mind, and Cosmos*, J. Brockman and K. Matson, eds., Phoenix, London,1995.

4. Gilfillan,1935a.

5. George Basalla 在 1988 年的著作《技术的演化》是迄今为止最完整的理论，但最终不得不承认（p.210）"我们还无力阐明新的人工物是如何产生的"。

6. 一个早期的例子参见 Robert Thurston, *A History of the Growth of the Steam Engine*, Kegan Paul, Trench, & Co, London,1883, p.3.

7. Schumpeter，1912. 熊彼特在写《经济发展理论》之前不久曾去瑞士访问了均衡经济学的元老 Léon Walras，他告诉熊彼特："当然经济生活

实质上是被动的，它仅仅是为了适应那些对其会发生作用的自然和社会影响。"参见 Richard Swedberg, *Schumpeter: A Biography*, University Press, Princeton,1991, p.32.

8. Usher，p.11；另见 Gilfillan，1935b，p6；McGee.

9. Ogburn，p.104.

10. 这个"理论"的定义源自 *Dictionary.com Unabridged(v.1.1)*. Random House, Inc., accessed 2008.

02　组合与结构

1. 依据《美国大学辞典》，技术是"与工业艺术有关的知识的分支"；或者按照《韦伯斯特辞典》，技术是"以实践为目的的对知识进行应用的科学"；或者按照《大英百科全书》，技术是"关于制造和做事的技艺的系统性研究"；"手段的总和"则出自 *Webster's Third New International Dictionary*, Merriam-Webster,1986.

2. 我不同意技术即知识。知识对技术来说是必要的，比如关于如何建构、考虑、处理技术的知识，但是这些并不能使技术等同于知识。我们也可以说技术对数学中关于定理、结构与方法的知识是必要的，但那并不能使数学等同于知识。知识是对信息、事实、理解的占有，知识对这些东西的占有不等于说知识就是这些东西。对我来说，技术是能够执行的东西。如果你打算从飞机上跳下来，你需要的是降落伞，而不是如何制造降落伞的知识。

3．大多数现代半导体也包括处理外差作用的阶段，将高频率信号转换为固定中频信号以使后续电路可以优化使用。

4. 尼采评论道："所有概念都源于我们对不等同事物的等化。没有完全相同的两片叶子，概念的'叶子'是通过对个体差异的武断抽象，通过对差别的遗忘而形成的；随之产生了一个想法：在自然中，除了'叶子们'，还应该有'叶子'——某种原型，以供编织、标识、复制、染色、弯曲、绘制形成后来所有的叶子，只是这个过程借由的是笨拙的手，因而没有一个复制品能够达到准确、可靠并忠实于原型。"参见 "On Truth and Lie in an Extra-Moral Sense," *The Portable Nietzsche*，Penguin，New York,1976, p.46.

5. 这个想法要回溯到 20 世纪 50 年代；K. S Lashley, "The problem of serial order in behavior," in L. A. Jeffres's, ed., *Cerebral Mechanisms in Behavior*, Wiley, New York,1951; also F. Gobet, et al.,"Chunking mechanisms in human learning," *Trends in Cognitive Sciences*,5,6:236—243,2001.

6. Smith，*The Wealth of Nations*,1776, Chapter 1.

7. 鲍德温（Baldwin）和克拉克（Clark）阐明模块化是随时间增加的。

8. 赫伯特·西蒙讨论过层级式系统，但是没有提到递归性。

9. 相关的性质，即组件实体和更高层次实体相似，被称为"自相似"。当我说结构是分形的，在非严格意义上，我指的就是这个意思。严格来讲，一个分形是一个几何对象。

03　现象

1．关于物理现象的资料，参见 Joachim Schubert, *Dictionary of Effects and Phenomena in Physics*, Wiley New York,1987.

2. Interview with Geoffrey Marcy, February 20,2008.

3. James Hamilton, *Faraday: The Life*, HarperCollins, London, 2002.

4. John Truxal, "Learning to Think Like an Engineer: Why, What, and How?" *Change 3*, 2:10—19,1986.

5. Robert P. Crease, *The Prism and the Pendulum*, Random House, New York, 2003.

6．"被迫在两个错误的观念中做出选择，一个是被视为异端的'科学是应用的技术'，另一个则是传统观点'技术是应用科学'。"技术哲学家 Robert McGinn（P.27）

7. Joel Mokyr.

04　域

1. 当然，域通常遭遇的是集合性名词的问题。（到底谁是保守派？到底是

什么构成了文艺复兴时期的建筑？）域也可能重叠。滚子轴承就同时属于几个常用的域。

2. Tomayko.

3. Joel Shurkin, *Engines of the Mind*, Norton, New York, 1996, p.42; Doron Swade, *The Difference Engine*, Penguin Books, New York. 2002, p.10.

4．出版商 Dover's 在 1962 年出版的《从地球到月球》。

5. Henry James, "The Art of Fiction," *Longman's Magazine* 4, September1884.

6. "Preface to a Grammar of Biology," *Science* 172, May 14,1971.

7. 有时语法的存在并没有明显的自然后盾。像 C++ 这样的程序语言的语法是人造的，基于一套事先商定的原则。……语法不必非得来自我们关于自然如何作用的"正式的"理解，不必非得从科学当中衍生出来。虽然大多数新语法确实是这样产生的，比如纳米技术，或者光数据传输。但是，统治一些旧技术的原理是产生于实践，产生于对自然的随意的观察，比如金属熔炼或者皮革鞣制。

8. 飞机规则参见 Vincenti, p. 218.

9. James Newcomb, "The Future of Energy Efficiency Services in a Competitive Environment," Strategic Issues Paper, E Source 1994,p.17.

10. David Gelernter, *Machine Beauty*: *Elegance and the Heart of Technology*, Basic Books, New York,1998.

11. 引用和评论源自 Annie Dillard ,*The Writing Life*, Harper & Row, New York,1989.

12. Paul Goldberger, "Digital Dreams," *The New Yorker*, March 12, 2001.

05 工程和对应的解决方案

1. 托马斯·库恩称常规科学为"正常的科学"，爱德华·康斯坦（Edward Constant）也提出了"正常的工程"的说法。我不喜欢"正常"这个术语，因为这暗示着工程也有与科学中相平行的活动，而实际上工程中并没有。我更倾向称之为标准工程。

2. 关于波音 747 的引用来自 Peter Gilchrist, *Boeing 747*, 3rd Ed,Ian Alien Publishing, Shepperton, UK,1999; and Guy Norris and Mark Wagner, *Boeing 747*: *Design and Evolution since 1969*, MBI Publishing Co., Osceola, WI,1997;personal communication, Joseph Sutter ,Boeing, November 2008.

3. Ferguson, p. 37.

4. 弗格森（Ferguson）告诉我们这是视觉可见的。我不是不同意，但是我说的是发生在无意识中的，不必要一定达到视觉层次。

5. 更多参见 Gelernter.

6. Billington.

7. Rosenberg，p.62.

8. Neil Sclater and Nicholas P. Chironis. *Mechanisms and Mechanical Devices Sourcebook*. 4th Ed. McGraw-Hill New York, 2007.

9. Dawkins, The *Selfish Gene*, Oxford University Press, New York,1976.

10. 与理查德·罗兹（Richard Rhodes）的私下交流，以及 Theodore Rockwell, *The Rickover Effect*, Naval Institute Press, Annapolis, MD,1992.

11. Robin Cowan, "Nuclear Power Reactors: A Study in Technological Lock-in," *Journal of Economic* History 50,541—556,1990; Mark Hertsgaard, *Nuclear Inc: The Men and Money Behind Nuclear Energy*, Pantheon Books, New York,1983.

12. Malcolm Chase p.16, *Early Trade Unionism*, Ashgate, Aldershot, UK, 2000.Inner quote from L.F. Salzmann, *English Industries in the Middle Ages*, p. 342—343 ,Oxford University Press,1923.

06　技术的起源

1. 本章中的大部分材料来自我的论文 "The Structure of Invention",

Research Policy 36, 2: 274—287, March 2007.

2. Schumpeter,1912, p. 64

3. 引自 Constant p.196。 除了惠特尔和冯·奥海因，其他人当然经历了早期版本的喷气发动机。

4. Constant；Whittle

5. Russell Burns, "The Background to the Development of the Cavity Magnetron," in Burns, ed., *Radar Development to 1945*，Peter Peregrenus, London,1988; E. B. Callick, *Meters to Microwaves: British Development of Active Components for Radar Systems 1937 to 1944*, Peter Peregrinus, London,1990; and Buderi.

6. 引用劳伦斯的话源自他的诺贝尔演讲，" The Evolution of the Cyclotron," December11,1951. Widerőe's paper is "Űber ein neues Prinzip zur Herstellung hoher Spannuneen", *Archiv fűr Elektrotechnik*, XXI, 386—405,1928.

7. 偶尔原理也可以通过系统性的可能性调查而获得。"我因而开始系统地检视所有可能的替换方式，"弗朗西斯·W.阿斯顿在谈到他发明的质谱仪时说道。Aston, "Mass Spectra and Isotopes," Nobel Lecture, December12,1922.

8. 引自 Constant, p.183.

9. Gary Starkweather "High-speed Laser Printing Systems," in M. Ross and F. Aronowitz ed's *Laser Applications* (Vol. 4), Academic Press, New York,1980; and Starkweather Laser Printer Retrospective," *in 50th Annual Conference: A Celebration of All Imaging*, IS&T, Cambridge, MA,1997.

10. Townes，P.66.

11. 关于盘尼西林（青霉素），参见 Ronald Hare, The *Birth of Penicillin*, Alien and Unwin, London,1970; Trevor I. Williams, *Howard Florey: Penicillin and After*, Oxford, London,1984; Eric Lax, *The Mold in Dr. Florey's Coat*，Henry Holt, New York, 2005; Ronald dark. *The Life of Ernst Chain: Penicillin*

and Beyond, St. Martin's Press, New York,1985; and Ernst Chain "Thirty Years of Penicillin Therapy," Proc. *Royal Soc. London*,B,179 293-319,1971.

12. 关于创造性洞见背后的无意识过程的文献量有一个逐渐增长的过程，比如 Jonathan Schooler and Joseph Melcher, "The Ineffability of Insight," in Steven M. Smith, et al, eds., *The Creative Cognition Approach*, MIT Press, Cambridge, MA, 1995.

13. Townes; M. Berlotti, *Masers and Lasers: an Historical Approach*, Hilger, Bristol,1983; and Buderi.

14. Mullis, *Dancing Naked in the Mind Field*. Vintage, New York, 1999.

15. 技术作家们称其为组合或积聚的观点。康斯坦应用这种观点出色地展示了汽轮机和增压空气压缩机怎样与燃气轮机的经验一起带来了涡轮喷气飞机的诞生。

16. Charles Sűsskind, "Radar as a Study in Simultaneous Invention," in Blumtritt, Petzold, and Aspray, eds. *Tracking the History of Radar*, IEEE, Piscataway, NJ,1994, pp. 237-45; Sűsskind, "Who Invented Radar?" in Burns,1988, pp. 506-12; and Manfred Thumm, " Historical German Contributions to Physics and Applications of Electromagnetic Oscillations and Waves," *Proc. Int. Conf. on Progress in Nonlinear Science, Nizhny Novgorod, Russia,* Vol.II; *Frontiers of Nonlin. Physics*, 623—643,2001.

17. M. R. Williams, "A Preview of Things to Come: Some Remarks on the First Generation of Computers," in *The First Computers-history and Architecture*, Raul Rojas and Ulf Hashagen, eds., MIT Press, Cambridge, MA, 2000.

18. 大卫·雷恩（David Lane）和罗伯特·麦克斯菲尔德（Robert Maxfield）在谈到生成关系时说："它能引起的变化可以使参与者看到他们的那个世界并活动于其间，甚至会产生新的实体，比如代理、人工物，甚至制度。" Lane and Maxfield, "Foresight, Complexity, and Strategy," *The Economy as an Evolving Complex System*, W. B. Arthur, S. Durlauf, and D. A. Lane,

eds., Addison-Wesley, Reading, MA, 1997. Aitken (1985, p. 547) 提出："去理解这个（创新）过程，必须了解先前的不同的信息流和知识储备，然后将它们聚集在一起来产生新的东西。"

19. Simon Singh, *Format's Last Theorem*, Fourth Estate, London,1997, p. 304.

07   结构深化

1. 经济学家们称之为技术轨道（technological trajectory）。参见 Richard Nelson and Sidney Winter, "In Search of a Useful Theory of Innovation," *Research Policy* 6, 36-76,1977; G. Dosi, "Technological Paradigms and Technological Trajectories," *Research Policy* 11,146-62,1982; and Dosi, *Innovation, Organization, and Economic Dynamics*, Edward Elgar, Aldershot, UK, 2000, p. 53. 经济学家在这里有很多话要说，而我并未谈及。他们探讨围绕着科学技术的知识库是如何影响发展的路径的，比如，通过公司的激励措施、改进不同技术体的搜索过程、专利制度和法律环境、学习效果，以及适合的工业技术结构。

2. 用生物学的语言，我们会说这项技术在"辐射"。

3. 关于达尔文的思路参见 Stanley Metcalfe ，*Evolutionary Economics and Creative Destruction*, Routledge, London 1998: Saviotti and Metcalfe; also Joel Mokyr, "Punctuated Equilibria and Technological Progress," *American Economic Assoc. Pavers and. Proceedims* 80，2，350—54, May 1990; Basalla.

4. Robert Ayres, "Barriers and Breakthroughs: an 'Expanding Frontiers' Model of the Technology-Industry Life Cycle," *Technovation* 7, 87—115,1988.

5. Constant，"log-jams and forced inventions" (p.245), and of "anomaly-induced" technical change (pp. 5, 244).

6. 早期关于这一点的讨论，参见 Arthur, "On the Evolution of Complexity," i*n Complexity*, G. Cowan, D. Pines, D. Melzer, eds., Addison-Wesley, Reading,

MA,1994; also Arthur, "Why do Things Become More Complex?" *Scientific American*, May 1993.

7. Prankel, "Obsolescence and Technological Change in a Maturing Economy," *American Economic Review* 45,3,296—319, 1955.

8. Vaughan, *Uncoupling*, Oxford University Press, New York,1986, p. 71.

9. 生物的功能变异现象类似于此。这是为了一个新的目的而使用现有的部分。比如，将手臂变异成网状以利于飞行。自适应伸展略有不同，因为更经常涉及一些系统深化，而不是将已有的部分用于不同的目的。

10. Samuel D. Heron, *History of the Aircraft Piston Engine*, Ethyl Corp., Detroit,1961; Herschel Smith, Aircraft Piston Engines Sunflower University Press, Manhattan, Kansas,1986.

11. 其他人也将技术轨道与库恩的科学发展的观点进行了对比 (e.g.,Dosi)。

08　颠覆性改变与重新域定

1. 偶有例外。程序语言（无疑属于域）是由个人或公司将其谨慎地组织在一起的。

2. 我必须指出，基因工程比我这里所谈论的要宽泛得多。它有许多农业上的应用，以及诸如单克隆抗体生产技术。关于它的早期发展的一个较好阐述来自：Horace F. Judson, "A History of the Science and Technology Behind Gene Mapping and Sequencing." in *The Code of Codes*, Daniel J. Kevles and Leroy Hood, eds., Harvard University Press,Cambridge,MA,1992.

3. 参见 Perez。本章节关于技术构建的说明多是我自己的观点。

4. David Edgerton, *The Shock of the Old: Technology and Global History Since 1900*, Oxford University Press, New York, 2006.

5. 罗森伯格指出，一项技术的最初用途很少是它最后的功用。

6. 这也发生在经济增长过程中。其发生机制是一个被称为内生性增长理论的经济分支的主题。一项新技术的产生意味着达到经济目标所使用的资源要比以前少。新技术中的内生知识也能够溢出到其他产业中去。由于这两点，经济才能增长。

7. 关于它的经济影响，参见 Robert W. Fogel, *Railroads and American Economic Growth*, Johns Hopkins Press, Baltimore,1964; Alfred Chandler, *The Railroads*, Harcourt, Brace & World, New York,1965; and Albert Fishlow, *American Railroads and the Transformation of the Antebellum Economy*, Harvard University Press, Cambridge, MA,1965.

8. 休斯（Hughes）稍有不同的表述，参见 "technological momentum," in *Does Technology Drive History*, M. Smith and L. Marx, eds., MIT Press, Cambridge, MA,1994.

9. David, "The Dynamo and the Computer," AEA Papers & Proc. 80, 2, May 1990.

10. 迈克尔·波兰尼（Michael Polanyi）很久以前指出，许多人类知识都是难以用语言来表达的，这样的知识确实是不可或缺的。"驾车的技能不可被关于车的理论训练所取代。" Polanyi, *The Tacit Dimension*, Anchor Books, New York,1966, p. 20.

11. "开放性创新"则使得专家们通过网络就可以对创新进行贡献，而不必真的在物理世界聚集在一起，这似乎与我们所说的相悖。的确，这很有用，也很重要，但它并不能提供面对面的交流，也不能轻易地形成某种文化，亦无法组织本地资源（只要走到走廊上就能利用这些资源）。可参见 John Seely Brown and Paul Duguid, *The Social Life of Information*, Harvard Business Press, Cambridge, MA, 2000.

12. Brian Cathcart, *The Fly in the Cathedral: How a Group of Cambridge Scientists Won the International Race to Split the Atom*, Farrar, Straus, & Giroux, New York, 2004.

13. Alfred Marshall, *Principles of Economics*, p.271, Macmillan, London, 8th Bd.,1890.

14. 固特异公司留在了阿克伦，但 1990 年后，阿克伦停止生产个人汽车的轮胎。

15. 参见 Johan P. Murmann, *Knowledge and Competitive Advantage*, Cambridge University Press, Cambridge, UK, 2003.

16. 经济学家的观点参见 Dosi, "Sources, Procedures, and Microeconomic Effects of Innovation," *J.Econ. Literature*, XXVI, 1120-1171, 1988; and R. Nelson and S. Winter, op. cit.

09　进化机制

1. 关于早期半导体的完整的历史描述，参见 Aitken,1976,1985.

2. 这并不表明所有的新技术的内容都是预先存在的。原子弹爆炸的实现是通过分离方法将以前不存在的可分裂的放射性同位素 U235 与化学性质相似的 U238 分离。但是这些方法是从已有的方法当中组合而来的：包括离心分离、电磁分离、气体屏障和液体热扩散等。所以当我说技术是从已有的技术中构建而来时，我想说的是：技术是从此前技术中建构而来的，或者是从那些从已有技术中迁移而来的一两个元素中建构而来的。

3. Lan McNeil, "Basic Tools, Devices, and Mechanisms," in *An Encyclopedia of the History of Technology*, McNeil, ed., Routledge, London,1990.

4. Ogburn, p.104.

5. Schumpeter,1942, p. 82-85.

6. 阿瑟和波拉克。

7. Richard Lenski, etal., "The evolutionary origin of complex features," *Nature*, 423,139—143,2003.

8. 波拉克和我发现这些"沙堆"式雪崩遵循幂定律，技术性地说，就是我们的技术系统正处于自组织临界状态。

9. 另一个更重要的来源是基因以及基因组复制。下文雅各布的话引自 *The Possible and the Actual*, Pantheon, New York,1982, p. 30.

10 技术进化所引发的经济进化

1. 定义来自 Dictionary.com. Word Net®3.0, Princeton University, 2008.

2. 关于工业革命的说明，参见 David S. Landes, *The Unbound Prometheus*, Cambridge University Press, Cambridge, UK,1969; Joel Mokyr, *The Lever of Riches*, Oxford University Press, New York,1990; and T. S. Ashton, *The Industrial Revolution,* Oxford University Press, New York,1968.

3. M. E. Rose, "Social Change and the Industrial Revolution," in *The Economic History of Britain since 1700*, Vol.1, R. Floud andD. McCloskey, eds., Cambridge University Press, Cambridge, UK,1981. See also P. WJ. Bartrip and S. B. Burman, *The Wounded Soldiers of Industry*, Clarendon Press, Oxford, UK,1983.

4. M. Chase, Early Trade Unionism, Ashgate, Aldershot, UK, 2000; and W. H. Fraser, *A History of British Trade Unionism 1700— 1998*, Macmillan, London,1999.

5. Landes, op. cit., p. 43.

6. 关于技术能够决定未来的经济以及未来的社会关系的观点被称为技术决定论。马克思经常因此被指责。"手推磨产生的是封建领主的社会；蒸汽磨产生的是工业资本家的社会。"罗森伯格令人信服地指出马克思太敏感了，因此并不算是一个决定论者。

7. 弗里德利希·拉普过去曾提到过这一点。参见 Paul T. Durbin, ed., *Philosophy of Technology*, Kluwer Academic Publishers, Norwell, MA,1989.

8. Schumpeter,1912.

9. Schumpeter,1942, p. 82—85.

11 我们的立场是什么

1. W. B. Arthur, "Complexity and the Economy," *Science* 284,107-9, April 2,1999.

2. 心理学家罗伯特·约翰森（Robert Johnson）说："看起来进化的目的现在被替换为一种完美的想象和完整性或整体性的概念。完美是指某种纯净的，没有瑕疵、污点或者可疑点的东西。整体性包括黑暗，但是它与光亮共同组合于一个无与伦比的真实与整体中。这是一项令人惊叹的任务。摆在我们面前的问题是，人类是否具备这种努力和增长的能力。但是无论是否已经准备好，我们都已经上路了。" R. A. Johnson, *He: Understanding Masculine Psychology*, Harper and Row, New York, 1989, p. 64.

3. R. Venturi, *Complexity and Contradiction in Architecture*, Museum of Modern Art, New York, 1966, p.16.

4. Martin Heidegger, *Discourse on Thinking*, John M. Anderson and E. Hans Freund, trans.. Harper & Row, 1966.

5. Anderson and Heidegger, introduction to Heidegger, p. xxix.

6. Eullul, 1980, p.125.

7. Robert M. Pirsig, *Zen and the Art of Motorcycle Maintenance*, HarperCollins, New York, 1974.

译者后记

　　想要认识技术的本质属性，就一定要追问"技术是怎样来的""是怎样的"等本体论问题。《技术的本质》这本书可以说正是从这个角度回答了我们想要知道的东西。这也是我们决定翻译这本书的初衷。

　　在这里，技术思想家布莱恩·阿瑟从"技术黑箱"的内部探究技术的本质，形成了一套完整的技术本质及其进化的理论。这个理论框架揭示了技术内部的 3 个基本原理及其逻辑结构的生成机制，以及这个结构在其最深的本质上展现的进化的共性。在方法论上，它尝试通过打开"技术黑箱"来"看"技术所显现的技术本质及其进化机制。整个理论使得以往关于技术本质的技术哲学、工程哲学、设计哲学、经济学、社会学，甚至科学上的众多观点在这个框架下得到极大程度的统一。

　　那么通过这本书，我们能够得到哪些启示呢？首先，技术体的概念对于解释不同文化背景下、不同科学技术发展道路上的国家和地区的技术发展程度之所以不同具有深刻的启示作用。其次，对于创新和创造的本源的揭示，揭开了那层神秘的面纱，直指其根本：没有科学技术长期的积累和传承，是很难在新颖性上有所建树的。我们认为，本书呈现的是关于技术理论的一个全貌，对技术及其进化的本质做了直言不讳的宣

告：技术作为一个"体"的产生和进化对揭示技术的有机性给出了强有力的证据，随后是对技术和经济的关系的全新阐释，最后对"我们应该怎样看待技术"的追问因此显得深刻有力。

从"技术的组合进化理论"中，我们不时地看到熟悉的身影，达尔文、海德格尔、熊彼特、埃吕尔、库恩等，以及许多科学家、技术专家、社会学家、技术史家、经济学家，事实上，很少有人将这些人的观点和方法全部都统一到一个关于技术的理论框架之下。是布莱恩将技术内部的解剖结构首先在技术的一般层面上有条理地呈现出来；进而把这种解剖结构放回到真实世界（real world）当中，从而改变以往关于技术的静态逻辑分析，"看"到技术真实的动态变化，发现这是一个技术的自创生的进化事件。技术由人类创造出来，又基于自然最原初的现象，但开始了疏离"人类与自然"的进化之旅。笔者认为这是一个令人惊奇的结论。

本书内容涉及数 10 种具体技术，作者对它们逐一进行了解构和历史进化的追述，这也构成了翻译过程中最困难的部分。因为作者希望这是一本用"平实"的语言讲故事的书，是一本面向大众而不是专家的书。如何既准确呈现大量关于科学技术的专业叙述，又能反映出作者意在进行松、浅显甚至幽默的表达也颇费思虑。我们在翻译过程中秉承了这样的一个宗旨，尽量用生活化的语言将晦涩的专业术语所要表达的意思表达出来，希望结果能够达成作者的本意。

能够翻译本书首先要感谢远德玉教授，是他以敏锐的学术感知力洞察到这本书的独特之处。2009 年，在这本书的英文原版刚刚出版之际，远德玉教授就推荐给我们进行阅读，随后又提出，希望我们能够将它翻译出来，并在翻译过程中不遗余力地贡献出所有见解。此外，王晓航博士对本书译稿进行了细致而全面的校对，提出许多宝贵的意见和建议，其工作细致而艰苦，在这里我们也对他的无私帮助致以深深的谢意。同时也要感谢罗玲玲、马会端、朱春艳、董雪林、吴俊杰等同仁在翻译过程中提供的帮助，以及我们的家人、朋友在背后默默的支持。正因为有他们，我们在漫长孤独的学术旅途上才有归属感、安定感，以及继续探索下去的勇气。而本书得以出版，更要感激湛庐文化的大力支持，以及简学老师的不懈努力和辛苦工作，再次向他们表示衷心的感谢！

最后，限于译者水平，错漏之处在所难免，敬请各位读者朋友批评指正。

曹东溟　王健

未来,属于终身学习者

我们正在亲历前所未有的变革——互联网改变了信息传递的方式,指数级技术快速发展并颠覆商业世界,人工智能正在侵占越来越多的人类领地。

面对这些变化,我们需要问自己:未来需要什么样的人才?

答案是,成为终身学习者。终身学习意味着具备全面的知识结构、强大的逻辑思考能力和敏锐的感知力。这是一套能够在不断变化中随时重建、更新认知体系的能力。阅读,无疑是帮助我们整合这些能力的最佳途径。

在充满不确定性的时代,答案并不总是简单地出现在书本之中。"读万卷书"不仅要亲自阅读、广泛阅读,也需要我们深入探索好书的内部世界,让知识不再局限于书本之中。

湛庐阅读App:与最聪明的人共同进化

我们现在推出全新的湛庐阅读App,它将成为您在书本之外,践行终身学习的场所。

不用考虑"读什么"。这里汇集了湛庐所有纸质书、电子书、有声书和各种阅读服务。

可以学习"怎么读"。我们提供包括课程、精读班和讲书在内的全方位阅读解决方案。

谁来领读?您能最先了解到作者、译者、专家等大咖的前沿洞见,他们是高质量思想的源泉。

与谁共读?您将加入到优秀的读者和终身学习者的行列,他们对阅读和学习具有持久的热情和源源不断的动力。

在湛庐阅读App首页,编辑为您精选了经典书目和优质音视频内容,每天早、中、晚更新,满足您不间断的阅读需求。

【特别专题】【主题书单】【人物特写】等原创专栏,提供专业、深度的解读和选书参考,回应社会议题,是您了解湛庐近千位重要作者思想的独家渠道。

在每本图书的详情页,您将通过深度导读栏目【专家视点】【深度访谈】和【书评】读懂、读透一本好书。

通过这个不设限的学习平台,您在任何时间、任何地点都能获得有价值的思想,并通过阅读实现终身学习。我们邀您共建一个与最聪明的人共同进化的社区,使其成为先进思想交汇的聚集地,这正是我们的使命和价值所在。

CHEERS

湛庐阅读App
使用指南

读什么

· 纸质书
· 电子书
· 有声书

与谁共读

· 主题书单
· 特别专题
· 人物特写
· 日更专栏
· 编辑推荐

怎么读

· 课程
· 精读班
· 讲书
· 测一测
· 参考文献
· 图片资料

谁来领读

· 专家视点
· 深度访谈
· 书评
· 精彩视频

HERE COMES EVERYBODY

下载湛庐阅读App
一站获取阅读服务

著作权合同登记号　图字：11-2023-141
The Nature of Technology
Copyright © 2009 by W. Brian Arthur
All rights reserved.

图书在版编目（CIP）数据

技术的本质：技术是什么，它是如何进化的 /（美）布莱恩·阿瑟著；曹东溟，王健译 .—杭州：浙江科学技术出版社，2023.7
ISBN 978-7-5739-0628-1

Ⅰ.①技…　Ⅱ.①布…②曹…③王…　Ⅲ.①技术学—研究　Ⅳ.① N0

中国国家版本馆 CIP 数据核字（2023）第 075679 号

书　　名	技术的本质：技术是什么，它是如何进化的		
著　　者	[美]布莱恩·阿瑟		
译　　者	曹东溟　王　健		
出版发行	浙江科学技术出版社 地址：杭州市体育场路347号　邮政编码：310006 办公室电话：0571-85176593 销售部电话：0571-85062597 网址：www.zkpress.com E-mail:zkpress@zkpress.com		
印　　刷	河北鹏润印刷有限公司		
开　　本	710mm×965mm　1/16	印　　张	18.5
字　　数	240 000		
版　　次	2023年7月第1版	印　　次	2023年7月第1次印刷
书　　号	ISBN 978-7-5739-0628-1	定　　价	89.90元

责任编辑	陈　岚	责任美编	金　晖
责任校对	张　宁	责任印务	田　文